KB212221

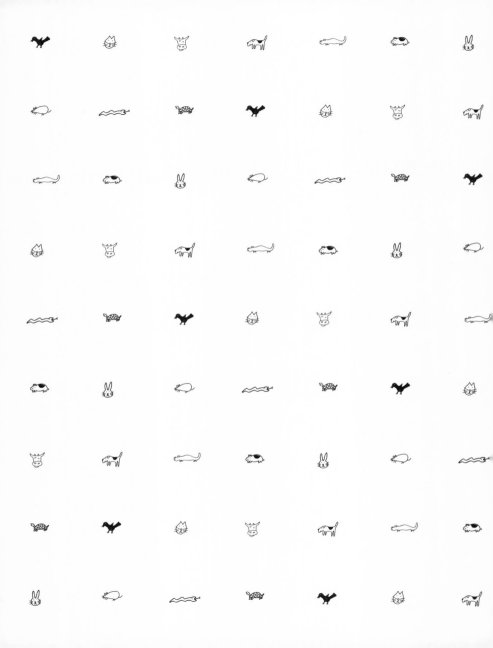

LOST
로스트

LOST

로스트

세계 곳곳에서
수집한
반려동물
실종·발견 포스터

이언 필립스 지음 | 허윤정 옮김

생각비행

감사의 말

몇 년에 걸쳐 이 포스터들을 모으는 데 도움을 주신 모든 분께 감사드린다.

그랜트 힙스, 소냐 알러스, 조지 밴턴, 피터 뷰캐넌-스미스, 퍼트리샤 콜린스,

레이첼 크로슬리, 마이크 다이어, 데릭 매코맥, 마크 포슨, 줄리 피즐리,

스탠그룹, 헤라르도 예피스에게는 특별한 감사의 마음을 전한다.

멋쟁이 폴란스키를 추모하며 이 책을 그에게 바친다.

개가 사라졌어요

나는 잃어버린 반려동물을 찾는 포스터를 수집한다. 그런 포스터 한 장 한 장에는 소탈한 예술 작품으로 표현되어 사랑, 상실, 우정을 보여주는 애절한 사연이 담겨 있다. 그 포스터들은 저렴하게 제작되고 금세 제거되지만 그 포스터에 온 정성을 쏟은 반려동물 주인들의 깊은 감정은 전봇대를 스쳐 지나가는 낯선 관람객에게 고스란히 드러난다. 나는 개와 고양이부터 소와 페럿에 이르기까지 온갖 반려동물을 잃어버리고서 슬퍼하는 내용의 포스터들을 소장하고 있다. 잃어버린 개를 찾는 한 포스터는 알고 보니 남자친구에게 차인 여성이 연인에게 전하는 메시지였다. 거기에는 "그에게 전화하라고 얘기해주세요"라고 씌어 있다. 또 어떤 포스터에는 "거북이를 찾아주세요"라는 애처로운 간청만 담겨 있다.

어린 시절 나에게는 금붕어나 햄스터 같은 작은 반려동물을 기르는 것만 허용됐다. 햄스터는 틈만 나면 우리에서 탈출해 도망쳤다. 하지만 아주 멀리 가지는 못했다. 내가 자란 캐나다 온타리오주州 북부는 눈이 엄청 많이 내리는 지역이었다. 나의 반려동물들은 대개 냉장고 아래에서 발견되거나 벽 안쪽에서 지내고 있는 모습이 포착됐기에 동네에 '햄스터 실종' 포스터를 붙일 일은 전혀 없었다.

잃어버린 반려동물을 찾는 포스터를 하나둘 모으기 시작한 것은 스위스에 살던 때부터였다. 룸메이트가 고양이를 한 마리 기르고 있었는데 '나바 Nava'라는 이름의 그 고양이는 창밖으로 나가 창턱을 넘어 이웃집 고양이를 만나러 갔다. 하루는 나바가 우리가 사는 5층 아파트 건물 지붕에서 떨어 져서는 어디론가 사라져버렸다. 그 일로 거의 미쳐버린 룸메이트는 행방불 명된 고양이를 찾는 포스터를 동네방네에 붙이고 다녔다. 몇 주 뒤, 전화가 한 통 걸려왔다. 한 수의사가 나바의 부러진 발과 다리, 턱을 수술해줬다고 했다. 고양이를 찾아오려면 의료비로 3000스위스프랑(약 390만 원)이 넘 는 금액을 지급해야 했다. 룸메이트는 그 돈을 냈다. 몇 년 뒤, 나바는 시골 에 있는 새로운 집에서 도망쳤고 그 후로 다시는 볼 수 없었다.

나는 전 세계 다른 지역의 반려동물 실종 포스터들은 어떤 모습인지 보고 싶 었다. 그래서 다양한 잡지에 광고를 내고 가족, 친구, 펜팔, 예술가 인맥까 지 동원했다. 그러자 내가 반려동물 실종 포스터를 수집한다는 소식이 곳곳 에 퍼졌다. 호주, 일본, 유럽 그리고 북미와 남미 전역에서 포스터가 속속 도 착했다. 게다가 벼룩 방지용 목걸이, 개 이름표, 닭 그림 등을 비롯해 편지 도 여러 통 받았다. 아이슬란드에서 온 한 편지를 보면, 그곳 사람들은 반려동물을 잃어버리지 않으므로 그 나라의 포스터는 절대 얻지 못할 거라는 설명이 있었다. 네덜란드에서 온 한 편지에는 이렇게 씌어 있었다. "네덜란드에서는 그냥 그런 일을 하지 않습니다. 반려동물을 잃어버리면 나가서 새로 한 마리 사 오면 그만이거든요."

이 책에는 내가 아주 좋아하는 포스터들을 엄선해서 실었다. '포이즌Poison (독)'이라는 이름의 쥐, 1만 달러의 보상금, 날치기나 지진, 차량 강탈을 당하는 바람에 잃어버린 반려동물들, 주인 대신 돌봐주던 사람이 잃어버린 반려동물들, 푸딩Pudding, 피기Piggy, 포키 파이Porky Pie라는 이름의 반려동물들, 발가락이 더 달린 고양이, 꼬리가 없는 개, 그리고 토토Toto, 키티 랭Kitty Lang, 엘비스Elvis, 그리자벨라Grizzabella라는 이름을 가진 반려동물들이 나오는 포스터들을 눈여겨보길 바란다.

포스터 수집을 시작하려면 본인이 떼어내는 포스터 자리에 새로운 포스터를 붙여놔야 한다. 한 장을 떼어내면 복사본을 만들어서 열 장을 도로 붙여놓자.

야옹.

일러두기

🦅 새
🐱 고양이
🐮 소
🐕 개
🦦 페럿
🐹 햄스터
🐰 토끼
🐭 쥐
🐍 뱀
🐢 거북이

실종된 반려동물
분포도

Dogs

7H

개를 찾습니다

1996년 8월 21일 수요일 오후
벨튼가街에서 르노가街로 이어지는 지역에서
우리 개가 행방불명됐어요.
하얀 비숑인데 귀는 살구색이고 몸무게가 10kg쯤 나가요.
개 목걸이는 하지 않았어요.

이름은 티본이에요.

우리 개를 찾았거나 본 적이 있는 분은 연락해주세요.

LOST

OUR DOG WENT MISSING FROM THE BELTON STREET
AND RENO STREET AREA DURING THE AFTERNOON OF
WEDNESDAY, AUGUST 21, 1996. HE IS A TWENTY-TWO
POUND, WHITE BICHON WITH APRICOT COLOURED
EARS.   HE IS NOT WEARING HIS COLLAR.

HIS NAME IS T-BONE.

IF HE IS FOUND OR IF HE HAS BEEN SEEN,
PLEASE CONTACT

Nova Scotia

CANADA

개를 잃어버렸어요

이름은 '바루', 29kg, 수컷
11살, 친화력 '갑'

LOST DOG
"Baru", 63 lbs, male,
11 years old, very friendly

AREA

Hawaii

USA

던컨이 실종됐어요

노란색 래브라도 리트리버
사람을 잘 따름, 8살, 36kg

보상금 있습니다

DUNCAN IS MISSING

FRIENDLY YELLOW LAB
8YRS OLD AND 80LBS.

REWARD

Ontario
CANADA

019

강아지를 찾습니다

흰색 스탠더드 푸들
8개월 된 강아지

연락처: 696-4504

LOST

White Standard
Poodle Puppy 8 mos.

Please Call
696-4504

개를 찾습니다

(말풍선)
2/13(토) 힐크레스트 병원 구역에서 잃어버림

(말풍선 아래)
흰색과 황갈색이 섞인 시바견
이름: 조이
여우처럼 생겼고
개 목걸이는 하지 않음

제발 도와주세요
관련 정보가 있는 분은
(866) 295-8665로 전화해주세요

강아지를 찾습니다.

– 찾는 개 –
비글
어떤 정보라도 좋으니 연락 바랍니다.
이름: 여름
색깔: 흰색 · 검은색 · 갈색
나이: 생후 7개월
성별: 암컷
성격: 엄청 활달하고 지칠 줄을 모름
목줄 색: 풀색
연락처: 쓰야마시 기타조노초 3-5 스기야마
23-6306

さがしています。

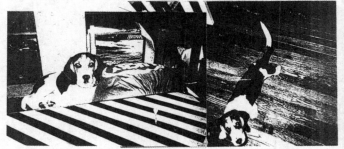

ーたずね犬ー

ビーグル犬 どんなことでもよろしいです。連らく下さい。

名前…なつ　色…白・黒・茶

生後…7ケ月　性別…メス

性格…とても元気でつかれをしない犬です。

首輪の色…黄緑

連絡先［津山市園町3-5 杉山

☎　23-6306 ］

"Natsu"
JAPAN

'비제'라는 이름의 프렌치 불독
(얼룩무늬가 있는 검은색, 15kg, 수컷)

데이비드, 연락이 끊겼네.
디애나에게 (332) 872-5332로 전화좀 해줘.
혹시 데이비드를 아는 분은
그이에게 전화 좀 하라고 얘기해주세요.
난 그냥 비제가 어떻게 지내는지 알고 싶을 뿐이야.
그리고 너에게 비제의 병력도 알려줘야 해서 그래.
고맙습니다.

이 포스터는 실종된 개를 찾는 것일까,
실종된 남자친구를 찾는 것일까?

French Bulldog
named Bizet

(black   brindle,
33lbs, male)

David, I lost contact. Please call
Deanna at (332)872-5332. If anyone
knows David, pls. tell him to call.
I just want to know how is Bizet doing.
Also, I need to give you Bizet's medical
history. Thank you.

Is this a missing dog poster or a missing boyfriend?

Maryland

USA

현상금 드립니다

10살 된 '퍼그'
왼쪽에 종양 있음
린다

REWARD

10 YRS OLD "PUG"
TUMOR LF/SIDE
LINDA

Colorado

USA

029

강아지를 찾습니다

95년 6월 17일 토요일
로사가 부근에서 잃어버림
시베리안 허스키와 매우 닮은 혼혈종
이름은 찰리
신체 특이사항: 눈썹과 꼬리 끝부분이 흰색임

감사합니다

WANTED

È STATO SMARRITO
SABATO 17-06-95 NEI
PRESSI DI S. ROSA, CUCCIOLO
DI CANE METICCIO, MOLTO
SOMIGLIANTE AD UN
SIBERIAN HUSKY, DI NOME
CHARLIE. SEGNI PARTICOLA
RI: SOPRACCIGLIA E PUNTA
DELLA CODA BIANCHE.

GRAZIE

'테틀리'라는 개를 찾습니다

현상금 1000달러

가정에서 기르는 반려견. 4년 4개월 된 순종 강아지. 흑백 얼룩무늬 치와와.
이 아이는 음식을 아주 잘 가려 먹여야 함.

이 개는 《뉴욕 뉴스데이》 1면에 등장했고 이런 표제가 달려 있었다.
"무자비한 지하철 도둑이 소중한 반려견 치와와가 들어 있는 더플백을 훔쳐 가다."

Perdido Perro
"Tetley"

DINERO PARA
PERRA - $1000

La perrita de familia. Cuatro lebres y cuatro años la pura tiene . Blanco y negro chihuahua. La comida de perra esta para VIDA O MORIR

This dog appeared on the cover of "New York Newsday" with the headline: "Heartless subway thief steals duffel bag bearing beloved pet chihuahua."

New York

USA

개(암컷)를 잃어버렸어요

아이들이 울고불고 난리예요
미니어처 슈나우저인데
슈나우저 미용은 하지 않았고 꼬리가 길어요
이 개를 보시면 784-9329로 연락해주세요

LOST FEMALE
DOG

CHILDREN CRYING
(MINIATURE
(SCHNAUZER)
DOES NOT HAVE
SCHNAUZER CUT. HAS
LONG TAIL. PLEASE CALL
784-9329

Texas
USA

035

잃어버린 개를 찾고 있어요!
아래 번호로 전화해주세요!!
967-570-1967
이름: 보비
7살 된 검은색 퍼그
분홍색 개 목걸이

(그림 왼쪽) '검은색 퍼그'랍니다!!
(그림 오른쪽) 분홍색 개 목걸이

LOST DOG
迷子犬捜してます!
Please Call.. お電話下さい!!
967-570-1967
Name: Boby, 7-years old
Black Pag. PINK Collar.

"黒パグです!!"

Pink
ピンク
首輪

**개는 작아도
크게 보상함**

트래비스(313-1735)에게 연락 바람

LITTLE
DOG

BIG
REWARD

CALL TRAVIS 313.1735

California

039

스타리 스무스 하운드* 실종

마지막으로 본 날은 96년 1월 31일이에요.
우리집 마스코트 멍멍이를 좀 찾아주세요.
연락처: 272-5462

* 'Starry smooth-hound(학명: Mustelus asterias)'는
까치상어과에 속하며 '샛별상어'라는 뜻이 있음_옮긴이

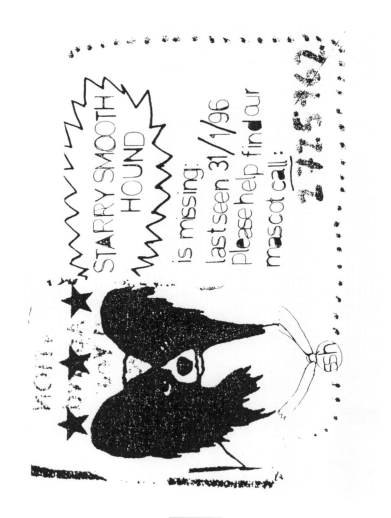

STARRY SMOOTH HOUND

is missing.
last seen 31/1/96
please help find our
mascot call :

ENGLAND

041

행방불명된 개를 찾아주세요

갈색 털과 흰색 털이 섞인 '폭스테리어 종' 개가
소나무숲 길에 있는 집에서 사라짐.
3월 7일 일요일 오후 상주앙 이스토릴 지역에서 이탈함.

개 목걸이에 적힌 이름은 '스마티'이며 전화번호는 4671573
또는 4686917임.

개의 행방을 알려주시거나 개를 찾아주시는 분에게
사례금 드립니다.

DESAPARECEU

CÃO DE RAÇA "FOX-TERRIER", PÊLO CASTANHO E BRANCO, DESAPARECEU DE SUA CASA NA RUA DO PINHAL - LIVRAMENTO - S. JOÃO ESTORIL - NA TARDE DE DOMINGO DIA 7 DE MARÇO.

TEM COLEIRA COM O NOME "SMARTY" E Nº DE TELEFONE 4671573 OU 4686917.

DÃO-SE ALVISSARAS A QUEM ENCONTRAR OU INDICAR PARADEIRO.

검은색 래브라도 리트리버를 잃어버림

개 목걸이를 하지 않은 다리가 없는 개
약을 먹여야 함!!!
연락처: 334-5015

톰 제닝스 아저씨를 찾기 바람

LOST BLACK LAB

No Collar, No Legs,

NEEDS Medicine!!!

Call 334-5015

Ask for Unca Tom Jennings

Florida
USA

045

이름은 '루디오'
4살 된 도베르만
주인과는 애정이 돈독하지만
낯선 사람들에게는 아주 공격적임

수사나 가티에게 연락 바람
전화: 407 155
주소: 아르헨티나 산타페주 로사리오 2000
리오하 1241 10층

Indio - Doberman
de 4 años - cariñoso
con los dueños,
muy agresivo con
los extraños -

Rte -
Susana Gatti
Rioja 1247 - Piso 10 -
T E 407 155
2.000 Rosario -
Santa Fe
Rep. Argentina _

개를 도둑맞았어요

제발 도와주세요

6월 4일 오후 4시에 러시옴 퀵 세이브 슈퍼마켓
밖에서 누가 한 살배기 자크를 데려갔어요.
자크는 도베르만과 독일 셰퍼드의 믹스견이에요.
검은색과 황갈색이 섞인 아주 큰 개로 귀가 유난히 크답니다.
자크를 보셨거나 자크의 행방에 대해 아시는 분은 연락해주세요.

자크가 무사히 돌아오면 사례금을 드리겠습니다.

STOLEN
DOG

PLEASE CAN YOU HELP?

ONE YEAR OLD ZAK WAS TAKEN FROM
OUTSIDE THE RUSHOLME KWIK SAVE ON THE
4th JUNE AT 4pm. HE IS A VERY LARGE
DOBERMAN/GERMAN SHEPHERD, BLACK + TAN,
WITH EXCEPTIONALLY LARGE EARS. IF YOU
HAVE SEEN HIM, OR HAVE ANY INFORMATION
TO HIS WHEREABOUTS PLEASE RING

A REWARD WILL BE GIVEN FOR HIS SAFE
RETURN.

ENGLAND

049

휘핏*/그레이하운드를 잃어버렸어요 도둑맞았어요

'사브리나'
도둑맞은 개
현상금 1000달러

* 휘핏: 영국에서 경주용으로 소형화한
그레이하운드 계통의 작은 개_옮긴이

~~STOLEN~~
~~LOST~~ WHIPPET/
GREYHOUND

"Sabrina"

S
T
O
L
E
N

S
T
O
L
E
N

REWARD
$1000

California

**6월 28일 월요일 하이게이트 빌리지에서
스태퍼드셔 불테리어를 도둑맞았어요**

개가 무사히 돌아오면
보상금으로 1000파운드 드립니다.

특징: 덩치가 큰 두 살배기 암컷
목 아래와 턱에 흰 반점이 있는 얼루기
'보보'라고 부르면 대답함.

개를 찾게 도와주세요.

S T O L E N

Monday, 28th of June
Staffordshire bull terrier -FROM HIGHGATE VILLAGE

£1000 Cash reward -

For her safe return .
DESCRIPTION- Large female .
Brindle with white markings
under her neck and on her chin
2 years old.
ANSWERS TO BO-BO

P L E A S E   H E L P .

'레이디'라는 이름의 개를 잃어버렸어요
이 반려견을 찾는 데 도움이 되는 정보를 제공하는 분께
사례금 100달러를 드립니다.

사건의 경위:
92년 6월 28일 록스버러 스트리트와 영 스트리트 지역에서 레이디가
행방불명됐어요. 그 근방의 주민 몇 분에게 들었는데 다른 개 주인들
과는 친하게 지내지 않는 어떤 커플과 레이디가 함께 있는 걸 확실히
봤다고 하네요. 이 동네에서는 처음 보는 개라고들 하는데 그 개를 계
속 주의 깊게 지켜봐주시길 부탁드립니다.

개의 특징:
세 살이고, 몸무게는 대략 23~27kg이에요. 셰퍼드와 콜리의 믹스견
이고요. 금색 털로 덮여 있는데 아랫배는 흰색이에요. 발에도 흰 무늬
가 있어요. 사람들과 함께 있는 걸 무척 좋아하고 끊임없이 관심을 끌
어내길 좋아하는 아주 사랑스러운 녀석이랍니다. 사람을 물지 않으며
짖어대거나 으르렁거리지도 않아요. 게다가 훈련이 아주 잘 되어 있고
말귀를 매우 잘 알아들어요.

LOST DOG
NAME "LADY"
$100.00
REWARD

FOR INFORMATION LEADING TO THE RECOVERY OF THIS OWNERS' PET.

DETAILS:

LADY WAS LOST IN THE ROXBOROUGH & YONGE ST. AREA JUNE 28/92.
I HAVE SPOKEN TO SOME OF THE RESIDENTS IN THE IMMEDIATE AREA
WHO ARE POSITIVE THAT THEY HAVE SEEN THIS DOG WITH ANOTHER
COUPLE WHO DO NOT FRATERNIZE WITH OTHER DOG OWNERS IN YOUR
AREA. I HAVE BEEN TOLD THAT THIS DOG IS NEW TO YOUR AREA AND
I ASK THAT YOU KEEP A CAREFUL WATCH FOR HER, PLEASE.

DESCRIPTION:

LADY IS 3 YEARS OLD AND WEIGHS APPROX. 50 TO 60 LBS. SHE IS
OF THE SHEPPARD COLLIE VARIETY WITH A BLOND COAT AND A WHITE
UNDERBELLY. SHE ALSO HAS WHITE MARKINGS ON ALL OF HER FEET.
LADY IS A VERY LOVING ANIMAL WHO LOVES TO BE AROUND PEOPLE
AND THRIVES ON CONSTANT ATTENTION. SHE DOES NOT BITE, BARK
OR GROWL AND IS VERY WELL TRAINED AND LISTENS VERY WELL.

Ontario

055

강아지를 찾습니다

(사진 아래) 오른쪽 넓적다리에 HMM 303이라는 문신이 있음

93년 4월 15일 루르드*에서 회색 BMW 자가용을 도난당했는데 차 안에
요크셔테리어 강아지가 있었어요. 어쩌면 강아지는 탈출했을지도 몰라요.
우리 강아지를 봤거나 데리고 있는 분은 아래 번호로 연락해주세요.

– 사무실: 46.48.39   – 집: 46.48.22
우리 강아지가 너무너무 그리워요.

후하게 사례하겠습니다.
아주 작은 정보라도 도움이 될 수 있습니다.
감사합니다.

©IMP. MICHOT – JONZAC – 46.48.24.67 – RM 396 77 17
– 이 포스터를 공공도로에 던져버리지 마세요.

이 요크셔테리어 강아지는 주인이 도난당한 BMW의 뒷좌석에 앉아 있었다.

* 프랑스 남서부 오트피레네주에 속한 피레네산맥 기슭의 작은 마을.
성모 발현지로 알려지면서 가톨릭 순례지가 됨_옮긴이

PERDU

TATOUÉ HMM 303 CUISSE DROITE

Le 15 avril 93 notre voiture BMW grise a été volée à LOURDES avec à l'intérieur notre petit chien Yorkshire. Il s'est peut-être échappé… Si vous l'avez **VU** ou **RECUEILLI**

TELEPHONEZ-NOUS

- Bureau **46.48.39**
- Domicile **46.48.22**

Il nous manque terriblement

TRES GROSSE RECOMPENSE

LE MOINDRE PETIT RENSEIGNEMENT PEUT NOUS ETRE UTILE

MERCI

© IMP. MICHOT - JONZAC - 46.48.34.67 - 804 396.77 17 - NE PAS JETER SUR LA VOIE PUBLIQUE

This Yorkshire puppy was sitting in the back seat of the owner's stolen BMW.

FRANCE

057

'그레이시'를 찾습니다

검은색과 황갈색이 섞인 도베르만, 암컷, 39kg

후하게 보상하겠습니다!
97년 7월 18일 아침 52번가와 킴바크 거리가
만나는 지점에서 마지막으로 봤어요.
그레이시는 강도질하려는 사람을 저지한 뒤
그쪽으로 강도 미수범을 추격했어요.

LOST DOG: "GRACIE"

85 lbs. Female, Black And Tan Doberman

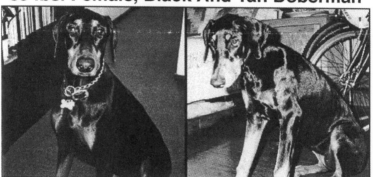

HUGE REWARD!

Last Seen The Morning Of 7-18-97
At 52ND AND KIMBARK

Gracie Foiled An Attempted Burglary, But Then
Chased The Would-Be-Robber Into The Streets

Illinois
USA

059

개를 잃어버렸어요

이 개를 보신 적 있나요?
이 아이는 미국 시민이라 플로리다로 돌려보내야 해요.
개를 보신 분은 르네에게 메시지를 보내주세요.

개가 (이 지역으로) 돌아오면 보상하겠습니다.

Lost Dog

HAVE you
SEEN THiS

Dog?

He is a U.S. Citizen
and needs To Return
To FLORIDA.
Please Call
LEAVE MESSAGE

$REWARD IF $
RETURNED
(LOCALLY)

개를 찾습니다

코커스패니얼종
95년 2월 28일에 실종
도와주세요. 토토는 눈이 안 보인답니다.

키는 46cm쯤이며 꼬리가 없음
금빛이 도는 적갈색의 곱슬곱슬한 털
12살 된 노견
'광견병 예방접종 #1047'이 새겨진
붉은 천 소재 목걸이를 하고 있음
주소: 월터 스트리트 168

토토는 눈보라 치던 날에 잃어버렸는데
무사히 살아 있는 상태로 발견됐다.

LOST DOG
COCKER SPANIEL TYPE
MISSING 2/28/95
PLEASE HELP - TOTO IS BLIND

**She's about 18" tall, no tail, blond/red wavy
hair, 12 years old.
Red cloth collar, Rabies Tag #1047.
Address: 168 Walter Street**

Toto was lost during a snowstorm. She was eventually found alive and well.

Massachusetts

USA

063

우리 벤지를 찾아주시면
보상금 1000달러를 드립니다

벤지는 덥수룩한 베이지색 털을 갖고 있어요.
무게는 8kg쯤 나가고, 몸길이는 60cm,
키는 30cm예요. 티베탄 테리어종으로,
생김새가 디즈니 영화 〈벤지〉에 나오는 개와 똑 닮았답니다.
벤지에 대해 아는 분은 연락해주세요.

RECOMPENSA
DE $1000.00
POR ENCUENTRO DEL PERRO BENJI

Benji tiene pelo greñudo de color beige.
Mas o menos pesa ocho kilos y mide 60 cm
de largo por 30 cm de alto. Benji es de tipo
Terrier Tibetano y parece igualito al Benji
de la pelicula Disney de su nombre. Si tiene
información sobre Benji, llame al telefono

1996년 4월 6일에 '스트레치'를 도둑맞았어요.
제발 이 포스터를 떼어내거나 무시하지 마세요.

(사진 왼쪽) '닥스훈트' 순종 암컷 / 몸집이 아주 작아 '강아지'처럼 보임 /
조그만 녀석이지만 '스트레치'라고 이름을 부르면 대답함

(사진 오른쪽) 적갈색 털, 작은 키 / 1996년 4월 21일 현재까지 행방불명 /
뉴욕시에서 가장 귀여운 개 / 몸무게 3.6kg / 조그만 발

개('스트레치')를 도둑맞았어요
현상금 600달러

'스트레치'라는 이름의 닥스훈트. 적갈색의 짧은 털, 중성화 수술을 받은 암컷. 나이는 한 살 반.
미니어처 사이즈, 3.6kg, 순혈종. 19살 정도로 보이는 두 명의 히스패닉 남자가 데려감.
1996년 4월 6일 토요일 이른 아침에 도둑맞음
105번가와 브로드웨이가 걸쳐 있는 길가에서 데려감. 신문 광고를 통해 길거리에서
개를 팔았을지도 모르고, 아니면 도시 어딘가에 버렸을 수도 있음. 여전히 행방불명 상태!
질문 사절
제 소울메이트 스트레치에 대해 정보가 있는 분은 도움 부탁드려요.

"Stretch" Was Stolen, April 6, 1996

PLEASE Don't Remove this poster or dis it.

Female
Daschound
"Weiner Dog"
Pedigreed

Very small
Looks like "pup"

Tiny,
Answerts to
Name "Stretch"

Red Hair -
Short Dk.

.

Still Missing
April 21, 1996

Cutest dog in
NYC
8 lbs

Small Feet

Stolen Dog ("Stretch")
$600 Cash Reward

Stolen Daschound (weiner dog) named "Stretch". Red color,
short hair, female, unspayed, 1 1/2 yrs. old. Miniature size, 8 lbs.
Pedigree. Taken by two hispanic males, approx 19 years old.

Dog stolen early Saturday morning April 6, 1996

from 105th and Broadway, possibly sold on street, Through newspaper ad,
or abandoned, at any city location. STILL MISSING!

NO QUESTIONS ASKED

Please Help if you have information about Stretch, my soulmate.

New York
USA

067

개를 찾아주세요!

흰색 페키니즈*
'야키'라고 이름을 부르면 대답함
98년 4월 29일 오후에 잃어버림

연락번호: 459 33 11 (오전)
207 36 25 (오후)

* 중국이 원산지인 작은 애완견으로 예로부터
중국 황실에서만 키우던 품종_옮긴이

¡¡¡PERDIDO!!!

PERRO PEQUINÉS ALBINO
RESPONDE AL NOMBRE DE YACKY.
29/4/98 TARDE

TELF. DE CONTACTO: **459 33 11 (MAÑANAS)**
207 36 25 (TARDES)

94년 6월 13일 샌프란시스코에서 차량을 강탈당해 개를 잃어버렸어요

차량 강탈을 꾀한 남녀

샌프란시스코 경찰은 폰티악 트랜샘 차 주인을 총으로 위협해 차량과 그 안에 있던 10살 된 개 클레오를 훔쳐 달아난 남자 한 명과 여자 한 명을 찾고 있다. 바버라 데이비스 경사는 차량 강탈이 월요일 오후 16번가와 포트레로가가 만나는 지점에서 일어났다고 말했다. 차 주인은 당시 주차한 차 안에 있었는데 웬 남자가 잠겨 있지 않은 조수석 문을 열고 쑥 들어와서는 총구를 들이대며 차에서 내리라고 위협했다고 경찰에게 진술했다.

차 주인이 1982년산 검정 트랜샘에서 엉금엉금 기어 내리자 한 여자가 조수석에 올라탔다고 한다. 그 커플은 황급히 차를 몰아 달아났는데 이때 뒷좌석에는 클레오라는 샤페이견이 앉아 있었다.

이 차는 캘리포니아 번호판을 달고 있으며 차량 번호는 2MXW233이다. 클레오는 옅은 황갈색의 개로, 왼쪽 엉덩이와 뒷다리 사이에 짙은 갈색 원이 있다.

《샌프란시스코 이그재미너》 취재진과 《뉴스와이어》로부터 작성된 기사

이름: 클레오
견종: 샤페이
나이: 10살
특징: 갈색이며 몸통 왼쪽에 짙은 갈색 원이 있음.
동물과는 친하나 사람들에게는 겁먹고 다가가지 않음.

LOST DOG DUE TO CARJACKING IN S.F. 6/13/94

NAME: CLEO
BREED: SHAR PEI
AGE: 10 YRS OLD
DESCRIPTION: Brown with small dark-brown circle on left side.
Animal friendly/people shy

California

USA

071

늑대를 찾습니다

연락처: 313−8211
보상금 있음

LOST
WOLF
CALL
313-8211
REWARD

Idaho
USA

073

수전을 애타게 찾고 있어요
현상금 1만 달러
수전을 찾는 데 도움이 되는 정보에 대한 사례금은 250달러

검은색 암컷 푸들
(약 3kg, 2살)
12월 23일 멜로즈가와 로럴가가 만나는 지역에서
사라진 이후로 계속 실종 상태

DESPERATELY SEEKING SUSAN

$10,000

REWARD

**OR $250.00
FOR INFO LEADING
TO HER RETURN.**

BLACK FEMALE POODLE
(aprox. 6 lbs. • 2 yrs. old)
MISSING SINCE DEC. 23
FROM MELROSE & LAUREL AVE. AREA

California
USA

현상금 1000달러
문의 사절

테디를 데리고 있는 분께: 테디가 못 견디게 사랑스럽다는 건 압니다만, 테디는 제게 그 이상인 아들과 같은 존재입니다. 테디가 사라진 뒤로 제 삶은 완전히 고통의 늪에 빠져버렸어요. 현관을 지나 텅 빈 집 안으로 걸어들어올 때마다 가슴이 미어지고 눈물이 주르르 흘러내립니다. 테디는 거의 7년 동안 제 절친이었어요...

제발 테디를 집으로 돌려보내주세요.

'테디'
2월 7일에 실종
6살이며 중성화 수술을 받음
비숑 프리제 수컷
하얗고 곱슬곱슬한 털
갈색 눈과 코

테디를 데리고 있거나 그렇다고 의심되는 사람을 아는 분은
아래 번호로 연락해주세요.
549-3549

$1,000

REWARD

NO QUESTIONS ASKED

To the person who has Teddy: I know he is irresistibly adorable, but he is more than that to me--he is like a son. My life has been absolute torment since he disappeared. Every time I walk through my front door into an empty house my heart breaks a little more and tears stream down my face. He has been my best friend for nearly 7 years...

"TEDDY"

LOST 2/7
6 YR. OLD NEUTERED
MALE BICHON FRISÉ
WHITE CURLY HAIR
BROWN EYES & NOSE

PLEASE BRING HIM HOME

IF YOU HAVE TEDDY OR SUSPECT YOU KNOW WHO DOES
PLEASE CALL ME

549-3549

California

USA

077

여기 좀 주목해주세요

개를 잃어버렸어요.
미니어처 핀셔*로
연한 갈색이고
이름은 '미키'입니다.
사례금: 2000코루나
전화번호: 37 15 04

* 독일에서 쥐를 잡기 위해 개량된 품종으로 몸집은
  작아도 당당하고 용감하며 활달함_옮긴이

Pozor, Pozor

Stratil se pes
srnčí ratlík
rezavé barvy
slišící na jméno
Miki

ODMĚNA: 2000 Kč

teleton: 37 15 04

CZECH REPUBLIC

조앤입니다.
코 오른쪽에 2.3cm 정도의 거무스름한 부분이 있습니다.

개를 찾고 있습니다

7월 22일 토요일 오후 3시쯤
집에서 나간 뒤로 돌아오지 않았어요!
종류: 토이 푸들
성별: 수컷 2살
색깔: 베이지, 귀 부분은 갈색 계통
뭔가 짚이는 데가 있는 분은 전화해주세요.
3367-0478 스기야마 쪽 지바

ジョンです

鼻の右側に
2.3cmの 黒い部分が
あります。

捜しています

7月22日土曜日午後3時頃に,
家から出たまま戻って来ません!

種類 トイ・プードル

性別 オス 2才

色 ベージュ 耳の所が茶系

お心当りの方は,お電話下さい

3367-0478 杉山方
千葉

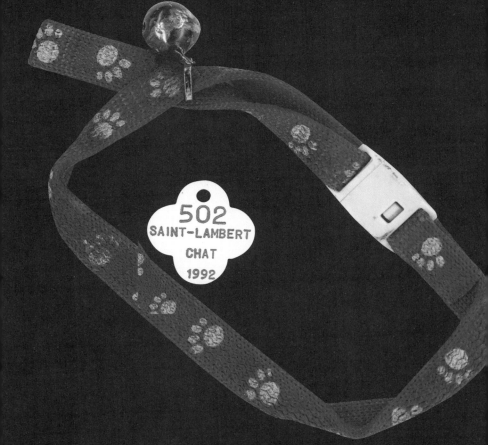

Cats

고양이

고양이를 찾아주세요
보상하겠습니다!

하얀 털, 파란 눈
머리에 검은 얼룩이 있음

(그림 왼쪽) 사랑스러운 우리 고양이 마이크예요.
(그림 오른쪽) 이 포스터를 집에 가져가서 붙여주세요!
고마워요. 티나 드림.

THIS IS MY SWEET CAT MIKE.

PLEASE TAKE THIS HOME + PUT IT UP! THANKS, TINA.

Michigan

USA

085

고양이를 찾습니다

현상금 50달러

잃어버린 고양이

줄무늬* 고양이 암컷
이름은 '푸딩'
퉁퉁한 몸집(6.4kg)
나이는 10살
앞뒤 발톱

1996년 1월 13일 토요일
3번가와 리버티가 교차로 부근에서 잃어버림.
태디를 찾으신 분은 존 하이더에게 연락 바람.
주소: 앤아버 3번가 339
평소 집에만 있는 집콕냥이라 목걸이는 하지 않음.

* 태비tabby는 흔히 고양이의 줄무늬나 얼룩무늬를 일컫는 말이지만
실제로는 고양이에게서 나타나는 다양한 무늬의 총칭임_옮긴이

WANTED:

$50 reward

$50 — reward if found.

LOST CAT

Female tabby, rotund (14lbs)

"Pudding"

10 yr old
front/back claws

Lost on Saturday the 13th of Jan.
around the 3rd st/Liberty intersection
1996.

if found, call John Heider

339 3rd St A².

No collar, as she's normally inside.

Michigan

USA

087

엘비스가 실종됐어요!!

샴고양이의 믹스묘 수컷으로 애교가 넘치는
고양이랍니다. 지금 엘비스는 치료를 받아야 해요!
엘비스를 찾아주시는 분께 보상합니다!! 마지막으로
본 건 7월 11일 이스트 크리스티나가에서였어요.
엘비스를 보신 분은 수잰에게 622-4911 또는
622-2777로 연락 바랍니다.
감사합니다.

ELVIS IS MISSING!!

He's a male CROSS Siamese, very friendly cat. He needs medical attention now! Reward !! Last seen July 11th on E. CHRISTINA St. Call Suzanne 622-4911 or 622-2777 THANK-YOU

고양이를 찾습니다

– 토종
– 한 살
– 꼬리털이 풍성한 황갈색 고양이
– '카르마'라고 이름을 부르면 대답함
카르마를 발견하신 분은 이프잔에게 연락해주세요.
전화번호: 7198417

Missing

- local breed
- **1** year old
- ginger cat with bushy tail
- answers to the name of
  "Karma"

If found, please contact:
Ifzan, tel. no:- 7198417

고양이를 잃어버렸어요

페르시아고양이와 줄무늬 고양이가 반반 섞인 아이예요.
꼬리는 솜털처럼 복슬복슬하고요. 목걸이는 하지 않았어요.
이 고양이를 발견하면 미노그 공동주택 10호로 돌려보내주세요.
고맙습니다. 우리집 위치는 바로 여기예요.

Lost Cat

It is a half Persian cat and half tabby. It has a fluffy tail. It has no coller. If you find this cat Please return it to 10 minogue units. Thank you. Please find my home.

우리동네뉴스 호외!

©1993년 트워프의 친구들 | 전화: 525-0608

새끼 고양이 실종!

생후 5개월 된 고양이, 방랑벽 발동

생후 5개월 된 영리한 줄무늬 고양이가 주중 탈출을 감행해 주인인 밥 저코비의 집을 나갔다. 집의 위치는 시애틀 메이플 리프 지역의 노스이스트 98번가 801이다. 새끼 고양이는 현재 잡히지 않은 채로 나돌아다니며 그전까지 평화로웠던 이 동네를 현혹(또는 위협)하고 있다.

이 대담한 도주는 11월 11일 목요일쯤 어느 시각에 이루어졌다. '트워프'라고 알려진 이 새끼 고양이는 검은색과 갈색의 줄무늬가 있는 태비 고양이로 생후 5개월 된 수컷이며 벼룩 방지 목걸이를 하고 있을 수도 있다(스스로 떼어버리지 않았다면 말이다).

고양이 주인에 따르면 트워프가 욕조와 변기에 묘한 호감을 보이며 그 안의 물이 바로 눈앞에서 소용돌이치며 배수구로 빠져나가는 광경을 지켜봤다고 한다. 그러니 이 작고 귀여운 테러의 대가 근처에 풍선, 끈, 양말 같은 게 있다면 모조리 위험한 물건이다!

마지막으로 목격된 곳은 97번가와 루스벨트 도로 근처

트워프는 집을 나간 뒤 98번가와 루스벨트 도로가 만나는 지점 근처에서 목격됐는데 그곳에서 자가용을 손보고 있는 한 남자를 몇 시간 동안 지켜보면서 그 사람의 정신적 지주가 돼주었다.

이후 트워프는 97번가와 루스벨트 도로가 만나는 곳의 레전드하우스 아파트로 피신해 그중 한 집 안으로 교묘히 들어갔다. 그러고는 거기서 며칠 동안 만족스럽게 잘 지냈으나 결국 방랑벽이 도지는 바람에 11월 16일 화요일 어느 시각에 자취를 감춰버렸다.

트워프의 주인인 밥 저코비는 그 아파트에 사는 여자와 막 연락이 닿았으나 영리한 트워프가 그날 오후에 이미 그곳을 슬그머니 빠져나갔다는 걸 알게 됐을 뿐이었다! "요 악동 녀석, 찾자마자 바로 신원확인용 목걸이를 채우고 말 테다!" 저코비는 이렇게 외치며 또 다른 수색대를 이끌고 심야 수색에 나섰다.

(사진 아래) '트워프'의 최근 사진. 탈출 가능한 경로를 살피고 있는 게 확실한 모습.

이 새끼 고양이를 보신 분은 밥 저코비에게 연락해주시기 바랍니다.

Neighborhood News

© 1993 by Friends of Twerp; Phone: 525-0608

MISSING KITTEN!

WANDERLUST HITS 5 MONTH OLD KITTY

In a daring midweek escape, a clever 5 month old tabby kitten has left the home of his owner, Bob Jacoby, at 801 N.E. 98th Street in the Maple Leaf neighborhood of Seattle. The kitty is now at large, and is charming (or terrorizing) this formerly peaceful neighnorhood.

The daring getaway occurred some time around Thursday, November 11th. The kitty, known as "Twerp", is a black and brown 5 month old male tabby, possibly wearing a flea collar (unless he has ditched it).

According to the owner, Twerp has a strange affinity for bath tubs and toilet bowls, watching the water swirl around and disappear down the drain before his eyes. Balloons, pieces of string, and socks are all in jeopardy when this cute little terror-meister is nearby!

LAST SEEN NEAR 97TH AND ROOSEVELT WAY

Twerp was later sighted near 98th and Roosevelt Way, where he watched and lent moral support for several hours to a man working on his car.

Twerp later sought refuge at the Legend House Apartments at 97th and Roosevelt Way, where he had charmed

A recent photo of "Twerp", obviously studying one of his potential escape routes.

his way into one of the apartments. He was content to stay there for several days until wanderlust hit again, and he disappeared some time during Tuesday, November 16th.

His owner, Bob Jacoby, had just finally been able to make contact with

the woman in the apartment, only to find that the clever Twerp had slipped out that afternoon! "That little rascal is going to have an I.D. collar on him as soon as I find him!" exclaimed Mr. Jacoby as he headed out into the night on another search party.

If you see this kitty, please call Bob Jacoby

Washington

USA

095

고양이를 찾습니다

살았든 죽었든 간에
보상금 150달러를 드립니다

'블랙키'
검은색 수컷 고양이, 노란색 목걸이
귀에 문신 있음
꼬리 밑부분에 흉터 있음
전화: 385-4098

WANTED
DEAD OR ALIVE
$ 150.00 $
REWARD

'BLACKIE'
BLACK MALE, YELLOW COLLAR
TATOO ON EAR
    SCAR ON TAIL BASE
PH. 385-4098

British Columbia

CANADA

097

고양이를 잃어버렸어요

고양이 이름은 피기예요.
주황색과 흰색이 섞여 있고요.
한쪽 귀에 혹이 두 개 있어요.

LOST CAT

His NAME is Piggy. He is orange and white AND HAS 2 BUMPS on his Ear.

사랑하는 검은 고양이 '포키 파이'를 잃어버렸어요

영국 런던 아이필드 로드 (우편번호 SW10 9AD)
로이스턴 듀 모리에−레벅

LOST

"PORKY PIE"

BLACK CAT

LOVED LOVED

ROYSTON DU MAURIER - LEBEK.
IFIELD RD. LONDON SW10 9AD U.K.

시끄러운 소리가 들립니다... 몸을 일으킵니다... 또 꼬마 노네트예요!
꿈속에 나타난 이 녀석은 대체 어디로 가버렸을까요? 푸른 눈, 여덟 개의 젖꼭지가 달린 가슴,
너무나 보드라운 털!!! 하얀 털과 주황색 털이 섞인 유럽냥이를 좀 찾아주세요.
노네트는 호랑이 기질이 있어요... 가르랑거리는 일은 거의 드물고 아이들을 할퀴길 좋아한답니다.
31-11-79로 전화해주세요. 프랑스에서.

이 '야옹이'는 '가슴에 여덟 개의 젖꼭지가 있'고, '호랑이 기질'을 지녔으며,
'좀처럼 가르랑거리지 않'고, '아이들을 할퀴길 좋아한다'고 한다.

J'entends du bruit ...je
me lève ... plus de petite
Nonette! Où est donc passée cette
créature de rêve? Des yeux
verts, 4 paires de seins et des
poils si doux!!! Recherche
donc chatte européenne blanche
et orange. Tempérament de
tigresse ... ne ronronne que très
rarement et aimant griffer
les enfants. Appeler le
· 3/ 11: 79
En France!

This "pussy" has "four pairs of breasts...the temperament of a
tiger...rarely purrs, and likes to scratch children."

FRANCE

103

우리 고양이를 보셨나요?

일요일에 고양이를 잃어버렸어요.
하얀 고양이인데 귀도 들리지 않아요.
우리 고양이를 보시면 전화해주세요.

Have you scene my CAT?

I lost my CAT sunday.
She is white and is
also deaf. Someone plese
c · her and coll

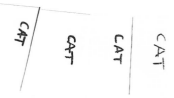

고양이를 찾습니다

이름: 링거
특장: 줄무늬, 동그랗게 말린 꼬리, 애교가 많음

링거가 정말 그리워요. 크리스마스 전까지는
집으로 돌아왔음 좋겠어요.

감사합니다.

Lost Cat

Name: Ringer
Description: tabby color
Ring tail
affectionate

I Really miss him
and I would like him home
for Xmas.

thank you

Ontario
CANADA

107

고양이를 찾습니다

주황색 고양이를 도둑맞음
3-4살 된 수컷
전화번호: 274-736

시저

Lost Cat

orange cat loot
Male 3-4 years Old
Please phone: 274-736

Ceaser

Quebec
CANADA

109

길을 잃었다냥!!

제가 마지막으로 목격된 건 95년 2월 23일 보이드가와
클리프턴가, 카보우르가가 걸쳐 있는 지역에서였어요.
제 이름은 새미예요. 저는 94년 LA 북부 노스리지에 지진이
일어났을 때도 살아남았답니다.
이번에도 살아남을 수 있게 도와주세요.
여러분의 지하실이나 차고를 한번 확인해주세요.
저는 애교가 많은 고양이예요.
흰색과 검은색이 섞인 짧은 털의 '턱시도냥'이죠.
나이는 한 살 반이고요. 우리 집사는 저를 사랑한답니다.

보상금 있다옹!

I'm lost!!
Last seen 2-23-95
near Boyd,
Clifton, Cavour Aves
My name is
<u>Sammy</u>. I
survived the Northridge earthquake.
Please help me survive this.

Check your basement or
garage. I'm friendly.
I'm black + white, shorthair,
1½ yrs. old, "tuxedo" markings.
My owner loves me.

REWARD!

California

USA

9월 13일부터 행방불명
사랑하는 우리 고양이 토니를 보셨나요?

메모: 9월 20일 하울랜드가에서 발견됐는데 아마도 한쪽 다리를 다친 것 같아요. 차고나 그 밖에 고양이가 숨어 있을 만한 곳을 살펴봐주세요. 감사합니다!

특징:
몸집이 큰 얼룩 고양이 – 약 10살. 주황색과 베이지색이 섞여 있고 등에 흰 반점이 있음. 하얀 발. 중간 길이의 털. 큐비치 동물병원 표식이 두 개 달린 파란색 목걸이를 하고 있음.

우리가 집을 비운 동안 토니를 친구네 집(듀폰트가/스파디나가)에 맡겼는데 아마 집(해변)으로 돌아오려고 했던 것 같아요. 토니는 겁이 많아서 몹시 무서워하고 있을 거예요. 토니가 너무 그리워요. 도움 부탁드립니다.

토니의 무사 귀환에 도움이 되는 정보를 주신 분에게는
사례금 100달러를 드리겠습니다.

MISSING SINCE SEPTEMBER 13

HAVE YOU SEEN TAWNY, OUR MUCH LOVED MISSING CAT?

NOTE: ON September 20 he was spotted on Howland Avenue, possibly with an injured leg.

Please check garages, and anywhere he could be hiding. Thank you!

DESCRIPTION:

LARGE TABBY - APPROXIMATELY 10 YEARS OLD; ORANGEY/BEIGE WITH WHITE SPOT ON BACK; WHITE PAWS; MEDIUM HAIR; BLUE COLLAR WITH 2 KEW BEACH VET TAGS

He was staying at a friends home, (Dupont/Spadina Rd.) while we were away and may be trying to get home (the beaches). He is shy and is probably very scared. We miss him very much - please help.

WE ARE OFFERING A $100.00 REWARD FOR INFORMATION LEADING TO HIS SAFE RETURN.

Ontario

CANADA

고양이 '클레오'가 유괴당했어요!!

크게 보상하겠습니다!

클레오는 솜털처럼 아주 복슬복슬한 꿀색 털을 지닌
중년 고양이인데 꼬리가 없답니다.

7월 21일 칼리지가와 베벌리가가 만나는 지점에서
누군가 클레오를 차에 태워 데려갔어요.

클레오는 건강 문제 때문에 식이요법을 하고 있어요.
클레오를 무지무지 사랑하고 클레오가 너무너무 그리워요.

클레오를 찾을 수 있게 도와주세요.

CLEO THE CAT ABDUCTED!!

Cleo is a honey-coloured, mature cat, very fluffy, and has

NO TAIL

She was picked up in a car from College and Beverly Streets on July 21

Cleo is on a restricted diet because of a health problem. She is loved very much and missed terribly

Please help us find Cleo

Ontario
CANADA

고양이를 잃어버렸어요

나이가 많고 이도 다 빠진 주황색 페르시아고양이예요.
비듬 문제가 있고 얼굴은 납작해도 소중한 식구랍니다.
고양이 '노먼'을 찾을 수 있도록 도와주세요.
3월 15일 일요일 오후 2시쯤 세이프웨이 슈퍼마켓에서
사라졌어요.

현상금 200달러
(질문 사절)
전화: 661-5511

LOST CAT

AN OLD AND TOOTHLESS, ORANGE
PERSIAN WITH A DANDRIFF PROBLEM
AND A FLAT FACE WHO IS AN
IMPORTANT FAMILY MEMBER.
PLEASE HELP TO
FIND "NORMAN"
(MLK)
(3-15)
— DISAPPEARED SUN. @ 2PM ~ SAFEWAY

REWARD
$200.⁰⁰

(NO QUESTIONS ASKED)
PLEASE
CALL # 661-5511

-현상금 100달러-

고양이를 찾아주세요

노란색 목걸이를 한
검은 고양이

주소는 레밍턴 로드 빌라예요.
고양이를 보신 분은
0181-910으로 전화해주세요.

-REWARD £100-
CAT LOST

**BLACK TOM
WITH
YELLOW COLLAR**

**LEAMINGTON ROAD VILLAS
PLEASE CALL 0181-910
IF YOU HAVE SEEN HIM**

ENGLAND

우리 고양이가 96년 4월 21일부터 행방불명이에요.
완전히 검은색이고 가슴에만 흰 반점이 있는 새끼 고양이랍니다.
이름은 '야옹이'예요. 어쩌면 야옹이는 어느 다락방 안에 있을지도 몰라요.
클리베크가 78에 있는 집 지붕 위를 걷다가 사라졌거든요.
사방팔방으로 잘 찾아봐주세요. 감사합니다.

Wir Vermissen
unser Kätzchen
seit dem 21. 4. 96.
Sie ist ganz schwarz
mit einem weissen
fleck auf der Brust.
Ihr Name ist Puspus. Evtl.
Ist sie in einem estrich, da sie
übers Dach der Klybeckstr.78
weg gegangen ist. Bitte
schaut überall nach. Danke.

"Her name is Puss Puss"

SWITZERLAND

121

지진이 일어나는 동안 고양이를 잃어버렸어요

이름: 펠릭스 (수컷)
색깔: 회색에 연회색 줄무늬가 있음. 몸무게는 3.6kg.
갈색 목걸이를 했으나 이름표는 없음.
집사가 고양이를 너무나 그리워하고 있어요.
고양이를 보신 분은 연락해주세요.

보상금 드립니다.

LOST CaT
during Earthquake

NAME: FELIX (male)

Color: Grey with light grey stripes. 8 pounds.

BROWN Colar, NO TAGS

OWNER MISSES HIM VERY MUCH. PLEASE CALL

$ # REWARD # $

'카처'를 보신 분 있나요? 카처는 삼색 고양이고요. 몸무게가 3kg쯤
나가는 두 살배기 어린 고양이에요. 무척 사랑스럽지만 장난꾸러기랍니다.
(유감스럽게도) 아무 데나 막 기어올라요! 몹시 걱정됩니다!

이 포스터가 등장하기 전에 이 고양이의 주인들은 고양이가
엄격한 다이어트 중이니 고양이에게 먹이를 주지 말라고
이웃들에게 당부했다고 한다.

WIE HEEFT KAATJE GEZIEN? KAATJE IS EEN
KLEINE LAPJESKAT (± 3KG) VAN 2 JAAR. ERG
LIEF EN ONDEUGEND. KOMT (HELAAS) OVERAL OP!
WIJ ZIJN ERG ONGERUST!

Before this poster appeared, owners of the cat asked neighbors
not to feed her because of her strict diet.

흰색과 검은색이 섞인 고양이를 잃어버렸어요

앞발에 발가락이 몇 개 더 있어요.

차고나 창고 안을 잘 찾아봐주세요.

'스쿠터'를 발견하신 분은 애덤에게 연락해주세요.

LOST

BLACK &
WHITE
CAT

WITH A FEW EXTRA FRONT TOES

PLEASE TAKE A LOOK
IN YOUR GARAGE OR SHED

IF YOU FIND SCOOTER PLEASE CALL
ADAM

Ontario
CANADA

도움이 절실합니다..

탐과 앙뒤크가 애지중지하는 아기 고양이 '미미'를 찾고 있어요.
생후 8개월밖에 안 됐지만 몸집이 아주 커서 거의 어른 고양이 같답니다.
다갈색에 호랑이 무늬가 있으며 배와 목, 다리 부분은 흰색이에요.

도움을 주시는 분에게 보상하겠습니다.
대단히 감사합니다.

→ S.V.P. BESOIN AIDE..

 .TAM ET  ANOUK

→ CHERCHENT

LEUR PETIT

SI
CELA
PEUT
AIDER

RÉ
C
O
M
P
E
N
S
E

MERCI.
BEAUCOUP.

CHAT

ADORÉ..

M.
I.
M.
Y.

DE TAILLE QUASI ADULTE
≃ 8 MOIS

ROUX TIGRÉ
VENTRE BLANC
(COU ET PATTES)

이 아이는 '제리'입니다.
'뚱냥이'라고도 부르죠.
3월 29일 월요일에 듀폰트가와
스파디나가 지역에서 길을 잃었어요.

제리를 발견하신 분은 연락해주세요.

사례금으로 50달러 드립니다.

This is Jerry
also called" big fat kitty "
went astray on Mon.March 29th
Dupont / Spadina area.

If found please call

$50.00 Reward

Ontario
CANADA

콰이창*을 찾아주시는 분께 30달러 보상합니다.

잃어버린 고양이:
삼고양이. 3살이며 중성화한 수컷. 전체적으로 흰색인데
신체 끝부분은 암갈색임. 아주 날씬하고 애교가 철철 넘침.
11월 22일 월요일에 퀸가와 팔러먼트가에서 마지막으로 목격됨.
신원 확인용 목걸이를 하고 있음.
고양이가 못 견디게 보고 싶어요.

* 1972-1975년에 미국 ABC에서 방영한 액션 어드벤처
  서부 시리즈 〈쿵푸〉의 주인공 이름과 같음_옮긴이

$30⁰⁰ REWARD

FOR
KWAI-CHANG

LOST:

SIAMESE CAT.
3 YEAR OLD NEUTERED MALE. SEAL-POINT
MARKINGS (DARK BROWN & WHITE) VERY SLENDER
VERY AFFECTIONATE. LAST SEEN MONDAY NOV 22.
QUEEN AND PARLIAMENT STS. WAS WEARING
COLLAR WITH ID. TAG.   SORELY MISSED.

Ontario
CANADA

안냐옹!

내 이름은 귀모예요. 유럽 출신 턱시도냥이랍니다.
나이는 다섯 살이고요. 빨간색 목걸이를 하고 있으며
알러레이 공원 근처에 살고 있어요.

나는 재롱이 많은 장난꾸러기예요. 그런데 6월 26일
이후로 집에 들어가지 않아 우리 집사가 애를 태우고
있답니다. 그러니 나를 발견하면 부디 우리 집사에게
알려주세요...

전화번호 48-56-17

고맙다옹!

CHALUT!

Je m'appelle **GUMMO**, je suis un **européen noir et blanc de 5 ans avec un collier rouge** et j'habite à proximité du **square d'Alleray**.

Je suis câlin et farceur, d'ailleurs je ne suis pas rentré à la maison depuis le 26 juin dernier et mes maîtres s'inquiètent, alors si vous m'apercevez, s'il vous plaît, dites-leur…

 Téléphone 48 56 17

MERCI!

"My name is Gummo."

FRANCE

135

고양이를 찾습니다

코닐리어스를 보셨나요? 9월 22일 화요일 이후로 행방불명됐어요.

코닐리어스는 약물 치료 중이라 당장 치료를 받아야 해요. 안 그러면 죽을 거예요!

코닐리어스를 보면 그 녀석이 수년 동안 영가와 세인트클레어가가 만나는 구역의 터줏대감이었다는 걸 알아볼 겁니다.

특징: 중간 크기의 회색 줄무늬 고양이인데 발과 가슴은 흰색이에요. 꼬리가 없고 약간 우쭐우쭐 으스대며 걷는답니다.

코닐리어스가 집으로 무사히 돌아올 수 있게 도움이 될 만한 정보가 있는 분은 연락 부탁드려요.

WANTED

Have you seen Cornelius? He has been missing since Tuesday, September 22nd.

Cornelius is on medication and must be treated immediately or he will die!

You will recognize Cornelius as having been a fixture at Yonge and St. Clair for many years.

Description: He is a medium sized gray tabby with white paws and white chest. He has no tail and walks with a slight swagger.

If you have any information   to help   Cornelius get home safely please   contact

Ontario

CANADA

실종된 고양이를 찾습니다

키티 랭
엑스트라 사무실에서 기르는 고양이인데
3월 15일 수요일부터 실종 상태예요.
흰색과 회색의 긴 털을 가진 집냥이랍니다.
파란색의 신원 확인용 목걸이를 하고 있어요.
고양이를 보셨거나 고양이의 행방을 아시는 분은
엑스트라 사무실로 연락해주세요.

키티 랭은 일 년 뒤에 돌아왔다.
살이 많이 찌고 깔끔한 모습이었으며
다른 고양이까지 한 마리 데려왔다.
그런데 사무실에는 그사이 새로운 고양이
한 마리가 자리를 잡고 있었기에 키티 랭은
한 직원의 친척이 사는 시골 농장으로 보내졌고
같이 온 고양이는 다른 곳으로 입양됐다.

MISSING

KITTY LANG,

Xtra's office cat, has been missing since Wednesday, March 15th. She is a gray & white long-haired domestic and is wearing a blue identification tag. If you've seen her or have any idea as to her whereabouts, please contact Xtra

Kitty Lang came back a year later, well groomed and overweight, with a second cat. Since a new office cat had taken residence, Kitty moved out to the country farm of a relative of one employee and the second cat was adopted by another.

Ontario
CANADA

(아래 감춰진 문구) **고양이를 찾습니다**
(그 위의 문구) **생강이를 찾았어요! 도움 주셔서 감사합니다.**

생강이 (왼쪽)
생강이는 황갈색의 줄무늬 고양이예요. 몸무게는 4.5kg이고요.
성격이 아주 다정하고 무척 온순해요. 브런즈윅가와 얼스터가가
걸쳐 있는 지역에 살고 있어요. 생강이와 관련된 정보가 있는 분은
연락해주세요. 생강이가 무사히 돌아오면 100달러를 드리겠습니다.

사례금 100달러

~~~ST CAT~~~

GINGER HAS BEEN FOUND!
Thanks For Your Help.

GINGER (left)

Ginger is an orange tabby cat who weighs ten pounds. He is very friendly and greatly missed. Ginger lives in the Brunswick — Ulster area. If you have any information please phone $100. reward for his safe return.

$100 REWARD

Ontario
CANADA

고양이를 찾습니다

작고 사랑스러운 검은 암고양이
'그리자벨라'라는 이름을 부르면 대답함
멜버른 북부 근처 어딘가에 있을 것으로 추정됨
고양이를 발견하신 분은 니키 캠벨에게 연락해주세요.

감사합니다.

(말풍선) 도와다옹!

그리자벨라는 브로드웨이 뮤지컬 〈캣츠〉에 나오는
'글래머 캣'의 이름을 딴 것이었다.

MISSING

**Small, sweet, black, female cat
Answers to the name of
' Grizzabella '
Believed to be somewhere in the vicinity of
North Melbourne
If found, please contact Nicky Campbell**

THANK-YOU

help!

Grizzabella was the name of "The Glamour Cat"
in the Broadway musical "Cats"

이 아이는 수도꼭지에서 나오는 물을 마시길 좋아해요. 발이 하얗고 뒷발의 발바닥 한쪽은 분홍색이에요. 회색 얼룩무늬가 있는 어른 고양이인데 가슴과 배 부분은 흰색이에요. 7월 24일(월)에 케임브리지의 퍼트넘 광장 근처 프랭클린가에서 벗어나 헤매던 당시 벼룩 방지 목걸이를 하고 있었어요.

이 아이는 길냥이가 아니에요. 우리 고양이가 보고 싶어요. 이 아이를 보시면 프레드에게 975-0975로 전화해주세요. 고양이 이름은 푸시킨이랍니다.

He likes to drink from faucets, has

white feet, with one pink paw pad (on a rear foot) and is an adult gray tiger cat with a white bib and belly. He was wearing a flea collar when he wandered off Mon., July 24, from Franklin St., Cambridge, near Putnam.

He is not a stray, and we miss him. If you see him, please give Fred a call at 975-0975. His name is Pushkin.

Massachusetts
USA

고양이를 찾습니다

흰색과 검은색의 짧은 털을 가진 고양이에요.
잃어버린 지점: 펀타동가 503호
고양이를 발견하신 분은 전화 부탁드립니다.

사례금 있습니다.

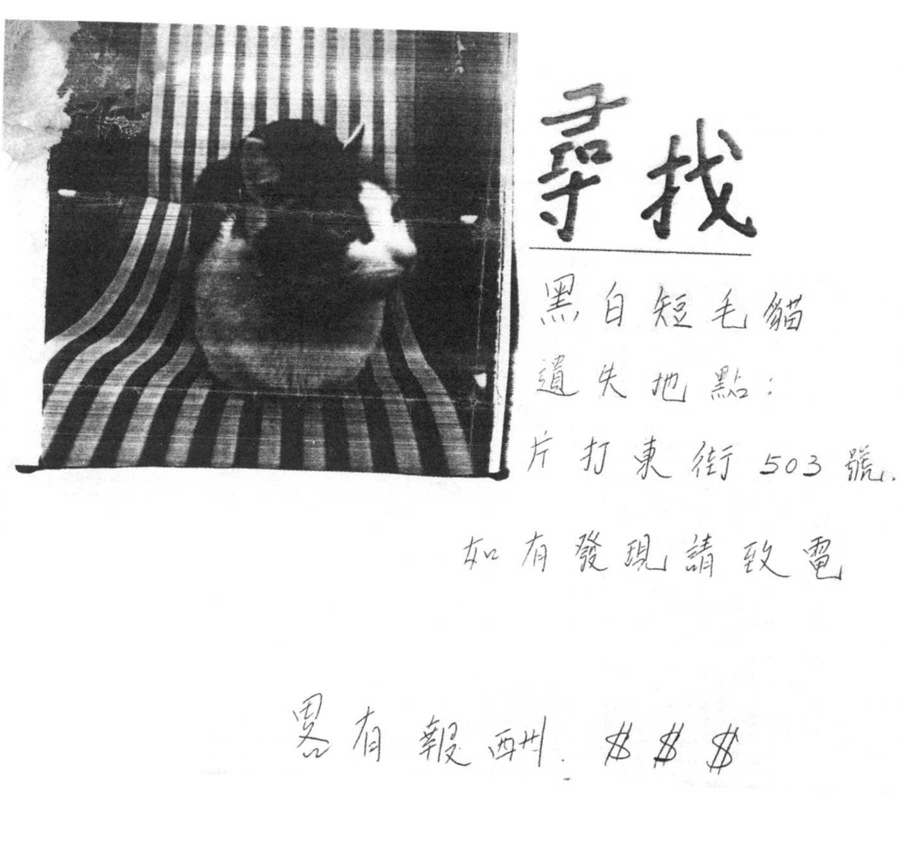

尋找

黑白短毛猫

溫矛把　黑點：

片打東街 503 號.

如有發現請致電

如有報酬. ＄＄＄

British Columbia
CANADA

덩치가 아주 크고, 세상 느긋하며, 너무나 다정한

검은 고양이 실종

이름: '비프*'
별명: '비프스터' 또는 '새끼 물개'

마지막으로 목격됐을 당시 2번가 주변을 어슬렁거리고 있었으며
반지르르한 검은 털코트를 걸치고 흰 배를 드러낸 채 네 발에는 장갑을 낀 모습이었음

담당자들이 여러분의 전화를 받으려고 대기 중입니다.

PS. '터그, 네시 그리고 이모들(무한 책임 그룹)'이 이 뚱냥이를 정말 그리워하고 있어요.

* '강타', '주먹으로 갈긴다'는 뜻_옮긴이

MISSING

ONE
VERY LARGE
VERY LAID BACK
EXTREMELY FRIENDLY

BLACK CAT

"BIFF"

A/K/A "THE BIFFSTER" OR "THE SEAL PUP"

Last seen wandering vaguely around Second Street wearing **a GLEAMING BLACK COAT,** with a **WHITE SPOT** on his tummy and **THUMBS (MITTENS)** on his paws

Operators are standing by to take your call

PS. Tug, Nessy & the Aunts (Unlimited) really miss the big guy

Ontario
CANADA

나 본 적 있어요?
로페즈
현상금 10달러

4월 10일(일) 이후로 동북가(街) 223에 있는 집에서
실종된 상태예요. 온몸이 검은색인데 목에는 검정
하트 무늬가 있는 흰색 목걸이를 했고요. 꼬리에
약간 골절된 부분도 있어요. 우리 집사들은 나를
무척 사랑한답니다.

HAVE YOU SEEN ME?
LOPEZ

$10.00
REWARD

$10.00
REWARD

I HAVE BEEN **MISSING** FROM MY HOME
OF **223 AVE. E NORTH** SINCE SUN. ARRIL
10th. I AM COMPLETLY **BLACK** WITH A
WHITE COLLAR WITH BLACK HEARTS ON
IT. I ALSO HAVE A SMALL FRACTURE IN
MY TAIL. MY OWNERS LOVE ME **VERY** MUCH.

British Columbia

CANADA

고양이를 찾아주세요

줄무늬가 있는 수컷 고양이가
10월 1일 이후로 집을 찾지 못하고 있어요.
전화: 42 · 35180
(성聖 요한 거리)

KAT.

LL. STRIBET HAN KAT
TILLØBET 1. OKTOB.
KAN IKKE FINDE HJEM
42.35180
(SCT. HANS GADE)

샴고양이를 발견했어요

94년 11월 26일
고양이의 안녕을 지키고 적법한 주인에게 돌려보낸다는
것을 확인해야 하므로 본인이 고양이 주인이라고
주장하는 사람은 다섯 가지 형태의 신분증과 증명서를
포함하되, 이에 국한하지 않고 확인 가능한 전화번호와
주소를 제공해야 할 것입니다. 아울러 고양이를
돌려받기 전에 고양이의 아주 구체적인 신체 특징을
설명하고 사진을 제시해야 합니다. 향후 고양이의
안부도 개인적으로 확인할 예정입니다.

CAT FOUND
Siamese

11-26-94
In order to safeguard the welfare of the cat and ensure that it is returned to it's rightful owner, the person claiming ownership of the cat will be required to provide: five (5) forms of identification and references including but not limited to, verifiable telephone number and place of occupation. Also, a very specific physical description and photo must be given before return. I will personally check up on the cat at a later date.

California

USA

(사진 왼쪽) 여전히 행방불명 상태. 필요하면 사진을 떼어가세요.
(사진 오른쪽) 이 고양이는 찾았으니 안 찾아도 됩니다!

이 고양이를 보셨나요?

한 달 동안 집을 비웠다 돌아와 보니 고양이들을 돌봐주던
사람이 고양이들을 잃어버린 상황이었습니다. 제가 너무나
사랑하는 벗인 이 고양이를 데리고 있거나 보신 분은
전화 부탁드려요. 감사합니다!

STILL MISSING. TAKE PHOTO IF NECESSARY,

THIS ONE FOUND OK!

HAVE YOU SEEN THIS CAT ?

I was away for a month and returned to find out the sitter lost them. Please phone if you have, or have seen, my much loved pal. Thanks!

Ontario
CANADA

97년 12월 24일부터 실종 상태. 히말라야 래그돌* 고양이. 애교가 많음. (털이 긴 샴고양이 같은 생김새) 피닛 연못 근처 주택 화재로 겁에 질렸을 수 있음. 가족들의 사랑을 듬뿍 받는 반려묘. 나이는 아홉 살. 사례금 제공. 본의 아니게 차고나 정원 창고 안에 갇혔을 지도 모름. 턱 아래에 흰 줄무늬가 있음.

감사합니다.

* '봉제 인형'이라는 뜻의 이 이름은 고양이를 안아 올렸을 때 봉제 인형처럼 몸이 축 늘어지는 모습 때문에 붙여짐. 1960년대 미국에서 다른 종들을 교배하여 개량한 품종으로 온순하고 애교가 넘쳐 '개냥이'로 알려짐 _옮긴이

Missing since Dec.24/97. Himalyan Rag-Doll cat.
Very friendly. (Like long-haired Siamese). Near
peanut pond. House-fire may have frightened her.
Much loved family pet. 9years old. <u>Reward</u>. #4
inadvertantly got locked in garage or garden shed. ^{May have}
      Thank You.   White stripe under chin.

British Columbia
CANADA

고양이를 잃어버렸어요

(말풍선 문구) 대체 여기가 어디냥?

4월 9일(토)에 노스 해밀턴가 300에 있는
건물에서 잃어버렸어요. 회색에 검은색 줄무늬가
있고요. 발은 흰색이에요. 몸집이 자그마한
새끼 고양이랍니다. 고양이를 보셨거나
찾으신 분은 연락해주세요.
사례금 드립니다!!

LOST CAT

WHERE THE HELL AM I?

(ACTUAL PHOTO.)

LOST SAT. APR. 9 FROM 300 BLOCK N. HAMILTON. GREY WITH BLACK STRIPES AND WHITE PAWS. KINDA SMALL, JUST A KITTY. PLEASE CALL IF SEEN OR FOUND.

REWARD!!

고양이를 찾습니다

흰색과 검은색이 섞인
생후 8주 된 아기 고양이
왼쪽 귀가 구부러진 게 특징

전화: 244 3463

LOST

BLACK AND WHITE KITTEN
8 WEEKS OLD
DISTINGUISHING BENT LEFT EAR

PHONE 244 3463

15일(토)에 고양이를 발견했어요

전화: 746 407

CAT
FOUND
SAT 15th
CALL: 746 407

11월 1일에 우리 고양이를 잃어버렸어요

특징: 발가락이 여섯 개, 온몸이 하얀색

고양이를 보시면 673−2544로 전화해주세요.

California

167

새끼 고양이를 잃어버렸어요!

생후 4개월 된 수컷 줄무늬 고양이
256−5631로 연락해주세요

LOST!

4 month old
male tabby

KITTEN

please call 256-5631

고양이를 잃어버렸어요

흰색과 검은색의 턱시도냥이고
이름은 '베니'예요.
소식을 아시는 분은
234415로 전화 부탁드려요.
보상하겠습니다!

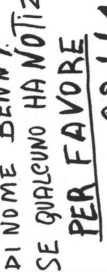

SMARRITO
GATTO BIANCO-NERO
DI NOME BENNY.
SE QUALCUNO HA NOTIZIE
PER FAVORE
CI TELEFONI 23 44 15
RICOMPENSA!

아기 고양이 '조니'를 찾아주세요

(그림 왼쪽) 귀에 분홍색의 작은 흉터가 있음 / 샴고양이 믹스묘로 추정됨 / 흰색 수염
(그림 오른쪽) 1993년 7월 2일 금요일에 행방불명됨 / 유난히 긴 꼬리에 줄무늬가 있음 /
다리에도 줄무늬가 있고 발바닥은 검은색임

저는 길 잃은 어린 수고양이예요. 크림색 몸에 회갈색 점들이 있고요. 꼬리가 매우 긴 데다 줄무늬도
있어요. 눈은 파랗고, 코는 연필에 달린 분홍색 지우개처럼 생겼어요. 애교가 많으며 나이는 아직
한 살도 안 됐답니다. 입양된 지는 4일밖에 안 됐고요. 이제 막 온갖 주사를 다 맞고서는
중성화 수술을 받기로 되어 있었죠. 그래서 집에 아무도 없던 목요일 밤에 도망쳐 나왔답니다.

브래드나 사라에게 전화해주세요.
782-2412
고맙습니다.

LOST KITTY

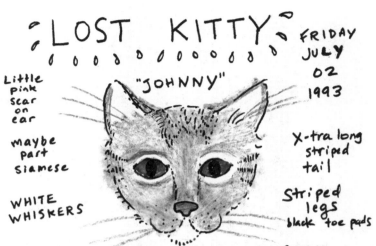

FRIDAY JULY 02 1993

"JOHNNY"

Little pink scar on ear

maybe part siamese

WHITE WHISKERS

X-tra long striped tail

Striped legs
black toe pads

I am a little stray tomcat - cream body w/ brown-gray points + a very long striped tail. Blue eyes, and a nose the coler of a pink pencil eraser. I am friendly, not quite a year old. I have only been adopted for 4 days. I just got all my shots, and was supposed to get my male cat operation, so I ran away Thursday night when nobody was home.
Please call Brad or Sarah

782-2412
THANK YOU

Washington
USA

173

나 본 적 있냥?

내 이름은 피코야.
배가 희고 뚱뚱하지.
목걸이는 안 했어.

M'avez-vous vu ?

Mon nom est Pico
Grosse bedaine blanche
Pas de collier

Quebec

CANADA

(말풍선) 야옹, 야옹, 야옹, 야옹?

아기 고양이를 잃어버렸어요
이름: 야옹이
주소: 이스트 무디 스트리트 2227
종류: 삼고양이와 보통 고양이가 반반 섞임
색깔: 검은색

Ontario

CANADA

Birds

새

오리를 찾습니다

흰색과 갈색의 '얼룩덜룩한'
깃털을 지닌 길오리

니더 노먼이라고
이름을 불러도 대답하지는 않음

오리를 발견하신 분은
세 예술가와 오리에게 연락해주세요

LOST LOST LOST

one
brown and white 'mottled'
street duck

Does not answer
to the name of
Neither Norman

if found
please call
Three Artists and a (Duck)

New Brunswick

현상금 200달러

우리 새가 돌아올 수 있도록
도움이 되는 정보를 주시면
사례금을 드리겠습니다.

주황 볼과 노란 왕관을 지닌
새하얀 왕관앵무를 잃어버렸어요.

'스팽키'라고 이름을 부르면 대답해요.

연락처: 662-4252

$200 REWARD

For any information leading to the return of my bird to me.

LOST

All white
COCKATIEL
orange cheeks
yellow crown.

Answers to the name
"Spanky"

Call:
662-4252

California

USA

앵무새를 찾습니다

아프리카 회색앵무
현상금 500달러

이름: 애슐리
색깔: 회색, 꼬리는 빨간색
크기: 키는 약 30cm, 날개를 폈을 때 길이는 약 60cm
가정에서 키우는 반려조
9월 18일 월요일 저녁 7시쯤 텍사스가와
19번가가 만나는 구역에서 잃어버림
연락처: 8245469

LOST PARROT

AFRICAN GREY

REWARD $500.00

NAME: ASHLEY
COLOR: GREY
  RED TAIL
SIZE: 1 FT TALL
WING SPAN 2 FT

FAMILY PET
LOST MONDAY
9/18 7:00
at Texas/19" PM.
CALL 8245469

California

USA

185

잃어버린 새를 찾습니다

베일리

탈출한 왕관앵무, 수컷
흰색 몸, 연노란색 머리, 볼연지를 찍은 듯 붉은 볼
6월 8일 토요일 오후 6시쯤
셔버른가와 에스플라나드 거리가 만나는 부근에서 없어짐
베일리의 안전이 몹시 걱정됩니다.
관련 정보를 알려주시면 감사하겠습니다.

LOST BIRD
WANTED

BAILEY

ESCAPED COCKATIEL, MALE
WHITE, PALE YELLOW HEAD, RED SPOTS
LOST SATURDAY, JUNE 8, AROUND 6 P.M.
NEAR SHERBOURNE + ESPLANADE
WE ARE VERY WORRIED ABOUT HIS SAFETY
AND WOULD APPRECIATE ANY INFORMATION

Ontario
CANADA

187

해리스매를 찾습니다

랜모어 커먼*에서
어린 해리스매(수컷)를 잃어버렸어요.

특징:
적색과 갈색이 섞인 몸통. 노란색의 커다란 발, 갈색과 흰색으로 얼룩덜룩한 가슴.
꼬리는 짙은 갈색인데 아랫면과 끝부분이 흰색을 띠어 독특한 모습임.
두 다리에 가죽끈과 종이 달려 있음.

잘 길들여진 새이지만 개를 무서워한답니다.
이 새를 보셨거나 이 새에 대해 들으신 분은 샌디에게 연락 바랍니다.
전화번호: 885913

* 런던 남쪽의 서리 카운티Surrey County에 있는 숲이 우거진 공유지_옮긴이

LOST

HARRIS HAWK

Juvenile (Male) Harris Hawk lost
on Ranmore Common.

Description:

Red/Brown colour. Large Yellow Feet
Mottled Brown/white on chest.
Distinctive tail,Dark Brown with White
tip and underside. Bells and Flying
Jesses' on both legs.

He is very tame, but scared of Dogs. If seen
or heard <u>PLEASE RING</u> Sandy.

885913

ENGLAND

새가 행방불명됐어요!

이름은 '블러셔'예요.
노란 새인데 볼에 주황색 연지가 있거든요.
블러셔를 보시면 연락해주세요.
고맙습니다.

Missing bird !

her name is blusher

She is yellow with
ornge cheaks

if you see her call

Thank you

Ontario
CANADA

191

앵무새를 도둑맞았어요

애지중지하며 기르던 빨간안경아마존앵무 '페가수스'를 7월 3일 오후 5시 50분쯤 '스펙트럼 외래
조류' 가게에서 도둑맞았어요. 휴가를 떠나 있는 동안 돌봐달라고 그곳에 맡겨놨는데 말이죠.
페가수스는 꼬리 끝에서부터 머리까지의 길이가 18cm쯤 되고요. 몸 색깔은 주로 녹색이며
부리 윗부분은 흰색, 두 눈 주위는 빨간색이고 꽁지깃에도 빨간색 부분이 있답니다.

반려동물을 잃어버린 적이 없는 사람은 우리가 느끼는 상실감과 슬픔 그리고 페가수스의 안전과
안녕에 대한 걱정을 이해하지 못할 거예요. 그 새는 5년 동안 가족이나 다름없었어요.

이런 특징이 있는 새를 위에 적힌 날짜 이후로 갑자기 얻게 된 사람을 아시는 분은 928-5823으로
전화 부탁드려요. 자동응답기가 켜지면 메시지를 남겨주세요. 익명으로 메시지를 남기셔도 되고,
새를 되찾았을 때 제공될 보상금을 원하시면 이름을 남겨주세요. 의심이 가는 새가
우리 페가수스인지 아닌지 조사할 수 있을 만큼 충분한 정보를 남겨주시기 바랍니다.

PARROT STOLEN

Our very well loved Spectacled Amazon parrot, Pegasus, was stolen July 3rd at approximately 5:50 p.m. from Spectrum Exotic Birds where she was being boarded during our vacation. She is about 7" from tail tip to the top of her head and primarily green with white above her beak and red around her eyes and has some red coloring on her tail feathers.

Unless you have lost a pet you cannot understand our sense of loss, grief and fear for her safety and wellbeing. She had been a part of our family for five years.

If you know anyone who suddenly acquired a bird of this description after the above date, please call us at 928-5823. Leave a message if the machine is on. You may leave an anonymous message or leave your name as a reward for her recovery will be paid. Please leave enough information to allow us to investigate whether or not the bird in question is our Pegasus.

California

USA

새를 찾습니다

볼이 빨간 노란색 왕관앵무

이름: 버디
연락 바람
★보상금 있음★

LOST BIRD

YELLOW
LOCKATIEL
WITH RED CHEEKS

IAME: "BIRDY"
LEASE CALL
✗ REWARD ✗

새들을 찾습니다

'현상금 50달러'
사람 손에서 자란 '모란앵무' 두 마리
99년 4월 14일 오후 7시쯤 사라짐

노스파크 세탁소로 연락해주세요.
조니 *528-8255
낸시 *284-5239
*24시간 연락 가능

LOST "$50⁰⁰ Reward"
2 Hand TAMED "Love Birds"
Apr-14-99 7:00 pm

NORTH Park Cleaners
PLS   CONTACT
  Johnny * 528-8255
  Nancy * 284-5239
    * Day or Night

California

USA

(말풍선) 까악! 까악!

우리 반려조 까마귀를 보셨나요?
마지막으로 본 장소는 베드퍼드 도로였어요.

Ontario
CANADA

Others

그 밖의 동물들

찾아주시는 분께 보상합니다

가축으로 기르는 암소 네 마리가 실종됐어요.

연락처 (913) 964-3447

REWARD

Missing —
Four head
stock cows.

Call
(913) 964-3447

Montana
USA

203

소가 도망쳤어요

2월 16일 일요일 저녁부터 2월 17일 월요일 사이에
소 한 마리가 탈출했어요.

이 소는 '뤼시앵'이라는 자기 이름을 알아듣고요,
음식점에 머무는 걸 특히 좋아한답니다.
이 소를 발견하시면 즉시 274−04로 전화 부탁드려요.
즉시 가축 운반 트럭을 보내겠습니다.

광우병이 발생할 위험이 있으니 조심할 것.

RIND ENTLAUFEN

Am Abend vom Sonntag, 16. Februar
auf den Montag, 17. Februar
ist uns ein Rind entlaufen.

Es hört auf den Namen Lucien und hält sich mit
Vorliebe in Restaurationsbetrieben auf.
Wenn Sie das Rind finden, bitte sofort Tel. 274'04
anrufen. Der Viehtransporter kommt unverzüglich.

VORSICHT BSE-GEFAHR

This is for a lost cow named Lucien.

SWITZERLAND

햄스터를 발견했어요

7월 5일 수요일 '스프링가든 도로'에서
햄스터 한 마리를 찾았으니
주인분은 835-6690(리사)으로
연락 바랍니다.

Hamster Found

a hamster was found wednesday, july 5 on 'spring garden road'. owner please call:
Lisa 835-6690

Nova Scotia
CANADA

애완쥐를 찾습니다

큰 검은쥐가 탈출했어요. 찾아주시는 분에게 보상합니다.
쥐 이름은 '포이즌'이에요. 도와주세요!
야엘에게 6591137로 연락 바랍니다.

실종된 애완쥐

MISSING PET RAT

BIG BLACK RAT
ESCAPED. REWARD
TO FINDER. RATS
NAME IS POISON.
PLEASE HELP! CALL
YAEL @ 6591137.

MISSING PET RAT

Florida
USA

뱀을 잃어버렸어요

흰색과 검은색이 섞인 1.2미터 길이의 뱀

뱀을 잃어버렸어요
교실에서 키우는 소중한 애완동물임
(독이 없고, 물지 않음!)
＊보상금 있음＊

뱀을 잃어버렸어요

LOST SNAKE

BLACK AND WHITE — 4' LONG

LOST SNAKE

BELOVED CLASSROOM PET
(Not poisonous, doesn't bite!)

* REWARD *

LOST SNAKE

California

USA

1미터

제 이름은 '보'예요. 저는 왕뱀이랍니다. 제가 주인을 그리워하는 만큼
우리 주인도 저를 그리워하고 있을 거예요. 맹세코 길을 잃을 의도는
없었어요. 어쩌다 보니 그렇게 된 것뿐이죠. 캠퍼스 주변에서 저를 보거든
부디 우리 주인 빅 이토널에게 연락해서 제 위치를 좀 알려주세요.
우리 주인은 기꺼이 사례금을 드릴 겁니다. 고마워요. 보 드림

HELP, I'M LOST! "/₂₇

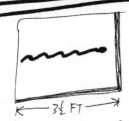

← 3½ FT →

My name is **"BO"** & I am
a king snake. My owner
surely misses me as much as I
miss him. I swear I didn't
mean to get lost, it just
sorta happened. If you see
me around campus, please call
my owner Vick Itone
& tell him where I'm located.
I am sure my owner will gladly
provide a reward. Thanks, Bo.

California

USA

집토끼를 발견했어요 (94년 6월 7일)

황갈색 몸에 검은 코

전화해서 찾아가세요.
끝까지 책임 있게 돌봐줄 가정에 입양도 가능합니다.

(쪽지) 토끼를 되찾거나 입양하려면 696-1087

Found: Domestic

(Rabbit)

6/7/94

🐰 Tan with dark nose

🐰 Call to reclaim _or_

🐰 Available for adoption to _responsible_, _permanent_ home

Pennsylvania

USA

215

이렇게 생긴 갈색 얼룩무늬 토끼를 발견하면 연락해주세요.

474573으로 전화 부탁해요.
(토끼가 살았건 죽었건 간에)

Si vous trouve
un lapin comme ça
avec les tache
brun   appelez

4 7 45 73

S.V.P.

(vivant ou mort)

"(Alive or dead)"

FRANCE

217

거북이를 잃어버렸거나, 주변에 그런 사람을 알고 있으면
864–4792로 전화해주세요.

IF YOU LOST A
TURTLE OR KNOW
SOMEONE WHO
DID.
CALL 864-4794

California
USA

219

거북이를 찾아주세요

그랜트가 1620
294-9805

TURTLE

FIND HIM

1620 GRANT

294-9805

Colorado

USA

길 잃은 페럿을 발견했어요

스파디나가 서쪽
나소가와 볼드윈가 사이에서 발견

우리 집에 고양이가 두 마리 있어서 페럿을 계속 데리고 있을 수 없으니
'휴메인 소사이어티*'(332−2273)로도 확인해주세요.
(95년 8월 26일 토요일 오후에 페럿을 발견함)

* 국제적인 동물 보호 단체_옮긴이

FOUND

LOST FERRET

ON WEST SIDE OF SPADINA
BETWEEN NASSAU & BALDWIN

WE HAVE 2 CATS AND CANNOT
KEEP THE FERRET FOR LONG,
SO CHECK WITH THE "HUMANE
SOCIETY" (392-2273) AS WELL.
(FERRET FOUND SATURDAY (P.M.) 26 AUGUST '95)

Ontario
CANADA

우리 친구를 찾을 수 있게 도와주세요!
잃어버린 페럿의 이름은 '부-부' 또는 '부-베어'
보상금 있음

(그림 왼쪽) 최근에 '발견된' 페럿이 있다는 얘기를 들어도 연락 바람.
집에서 멀리 떨어진 동물들이 새로운 장소에서
발견되어 잡히는 경우가 있음.

(그림 오른쪽) 한쪽 귀에 어두운 베이지색으로 문신한 점들이 있음.
중성화한 수컷. 나이는 한 살.

집에서 마지막으로 본 게 2월 21일 저녁 8시 30분이었으며 노스이스트
14번가에 있는 건물 정문으로 탈출했을 수 있습니다. 이 녀석을 보신
분은 포획해주세요. 사람들과 잘 지내는 아이라 물지는 않을 겁니다.

PLEASE HELP US FIND OUR FRIEND!
LOST FERRET
"Boo-boo" or "Boo-bear"
REWARD

Call also, if you have heard "n found" a newly "n found" ferret. This is how animals get far away from home. They are found and taken to a new location.

Sable-brown tattoo dots in one ear, male, neutered, one year old

LAST SEEN @ HOME <u>FEB 21ST 8³⁰ PM</u>.
MAY HAVE ESCAPED VIA THE FRONT DOOR
OF <u>14th AVE. NE</u>. IF YOU SEE HIM
PLEASE TRY TO CAPTURE HIM. PEOPLE-
FRIENDLY. WILL NOT BITE.

California
USA

225

페럿을 잃어버렸어요

색깔: 검정과 흰색이 섞임
이름: 릴
연락처: 781−032

LOST: Ferret

COLOR: BLACK AND WHITE

NAME "Lil"

"CALL... 781-032

Washington
USA

그릴드 치즈 샌드위치가 없어졌어요!

이 샌드위치를 누가 훔쳐 갔는지 아는 분은 연락 바랍니다.
(그림 왼쪽) 마지막으로 본 장소는 5번가 케리 타운에 있는
코스모 델리.
(그림 오른쪽) 아주 친근하며 아이들을 정말 좋아함.

★보상금 있음★
샌드위치를 간절히 찾고 있으니 도움 바랍니다.

MISSING

GRILLED CHEESE!
IF YOU KNOW WHO STOLE
THIS SANDWICH:

last seen:
Kosmo Deli
in Kerry town
on Fifth Ave.

very
friendly,
loves kids.

PLEASE CONTACT

REWARD

DESPERATELY SEEKING
SANDWICH. PLEASE HELP

반려동물을 찾는 포스터 만들기 팁

미국에서만도 해마다 수백만 마리의 반려동물이 실종된다. 잃어버린 반려동물을 되찾을 확률은 형편없이 낮다. 행방불명된 개와 고양이 중 90퍼센트 이상은 찾지 못한다. 하지만 그런 가운데서도 잃어버린 동물을 되찾을 수 있는 가장 좋은 방법은 반려동물을 찾는 포스터다.

포스터에 들어가야 할 내용

제목: 예를 들면 "고양이를 잃어버렸어요" 같은 문구를 큼지막하고 잘 읽히는 글씨로 표기한다.

특징: 품종, 색깔, 눈 색깔, 크기, 성별, 나이, 무늬 등 구체적인 기본 정보를 기술한다. 반려동물을 찾았다고 주장하며 연락해온 사람이 보상금을 뜯어내려고 사기 치는 건 아닌지 확인하기 위해 구체적인 사항 몇 가지는 알려주지 않는다.

이름: 간혹 반려동물의 이름을 밝히지 말라고 조언하는 사람들도 있다. 반려동물 도둑이 이 정보로 해당 반려동물의 신뢰를 얻을 수 있기 때문이다.

표식: 목걸이 형태, 이름표, 마이크로칩, 문신 등

실종 날짜와 장소: 어디서 어떻게 잃어버렸는지에 대한 내용

연락처: 주인 이름, 전화번호는 적되 주소는 적지 않는다.

사진: 반려동물의 사진 또는 비슷하게 생긴 동물의 사진을 넣는다. 전신이 나오는 게 가장 좋다.

보상: 보상한다고 하면 사람들이 시간을 내어 자기네 집 주차장이나 창고를 살펴보려는 동기가 유발될 것이다. 하지만 금액은 기재하지 않는다. 액수가 충분하지 않다고 생각할 수도 있기 때문이다. 보상금이 크면 돈을 뜯어내려는 사기꾼들의 연락을 받게 될지도 모른다.

복사본을 사용하면 효과적이고 비용도 싸다. 컬러로 복사할 형편이 된다면 효과는 훨씬 더 크다. 잉크젯 프린터는 쓰지 않는다. 비나 눈이 오면 잉크가 흘러내릴 것이기 때문이다.

포스터를 많이 부착할수록 반려동물을 찾을 가능성이 커진다. 전봇대는 포스터를 붙이기에 최적의 장소다. 어떤 지자체에서는 공공물에 포스터나 전단을 부착하는 것을 허용하지 않지만 말이다. 나무에 포스터를 붙일 때는 스테이플러나 못을 쓰지 않는다. 반려동물에게 익숙한 지역이라 추측되는 동네들에 포스터를 붙이는 편이 좋다. 식료품점, 동물병원, 반려동물 가게, 도서관, 빨래방, 편의점, 놀이터 같은 곳은 전부 사람들이 많이 드나드는 장소다. 이런 곳들 내부에 포스터를 부착할 때는 항상 허락을 구한다. 포스터를 붙이는 동안, 혹시 누군가가 만들어 붙여놨을지도 모를 '반려동물 발견' 포스터가 있는지 잘 살펴본다. 포스터 부착 위치는 보행자와 운전자 모두의 눈높이에 맞춘다. 포스터를 붙인 장소들을 계속 방문해서 포스터가 여전히 제자리에 잘 붙어 있는지 확인한다. 다양한 이유로 사람들이 포스터를 떼어버리는 사태가 종종 발생하기 때문이다. 너덜너덜해졌거나 색이 바랜 포스터들은 새것으로 교체한다. 낡아 보이는 포스터들은 사람들이 못 보고 넘어가기 쉽다.

반려동물을 목격했다는 전화를 받으면 목격자가 어디서 전화를 걸고 있는지 알아내어 새로운 포스터를 제작해 그 지역을 도배할 정도로 잔뜩 붙여놓는다. 반려동물을 찾았다고 주장하는 사람에게서 연락을 받으면 질문을 던져 그 사람이 반려동물을 본 것인지 아니면 찾은 것인지를 확실히 파악해야 한다. 전화상으로 너무 많은 상세 정보를 주지 않도록 한다. 보상금을 받아내는 데만 관심이 있는 사람일 수도 있기 때문이다. 반려동물을 찾으면 여기저기에 부착했던 포스터를 전부 거둬들인다. 그게 이웃에 대한 예의다.

231

미국의 반려동물 주인 가운데 41퍼센트는 자신의 반려동물 사진을 간직하고 있으며 45퍼센트는 반려동물 사진을 지갑 속에 넣고 다닌다.

1800만 마리의 고양이가 생일 축하를 받는다.

미국 개의 39퍼센트가 주인의 침대 위 머리맡에서 잔다.

미국의 반려견은 암컷과 수컷의 비율이 같다.

주인이 있는 개의 28퍼센트는 동물 보호소에서 입양됐다.

사람 아기가 한 명 태어날 때 강아지와 고양이는 일곱 마리가 태어난다.

2730만 7980명의 개 주인이 자기 개에게 크리스마스 선물을 사준다.

개 주인의 95퍼센트는 날마다 자기 개를 안아준다.

최고의 경비견은 불마스티프*다.

최악의 경비견은 블러드하운드**다.

암고양이 한 마리와 그 새끼들은 7년 만에 42만 마리의 새끼를 칠 수 있다.

미국에서 반려동물을 위한 연간 지출액은 610억 달러다.

미국의 개 주인 가운데 20퍼센트는 제일 친한 친구보다 자기 개를 더 사랑하며 6퍼센트는 배우자보다 자기 개에게 더 애정을 느낀다.

반려동물 주인의 83퍼센트는 자신의 반려동물을 동반자로 여기고서 데려왔다.

한배에서 가장 많은 새끼가 태어난 기록은 2004년 11월 29일생 24마리의 나폴리탄 마스티프였다.

미국에서 가장 흔한 반려동물 이름은 찰리, 맥스, 벨라, 토비, 마일로 순이다.

.

---

* 불도그와 마스티프의 교배종으로 키가 60cm가 넘으며 체중이 60kg에 이르는 초대형 호신견_옮긴이

** 어깨의 높이가 65cm 정도이고 털은 짧으며 큰 귀가 늘어졌고 얼굴에 주름이 잡혀 있는 사냥개. 후각이 매우 예민해 추적용·수색용 경찰견으로도 이용됨. '블러드'라는 이름은 피를 흘리는 사냥감의 냄새를 잘 맡고 '귀족의 혈통'을 지녔다는 뜻임. 사납지 않고 다정해서 훌륭한 가족 반려견이 될 수 있음_옮긴이

옮긴이의 말

번역을 제안받고 이 책을 펼쳤을 때 첫 느낌은 참 독특하고 사랑스럽다는 것이었다. 개와 고양이를 비롯해 잃어버린 각종 반려동물을 찾는 세계 각지의 포스터 모음집이라는 발상이 무척 신선하다. 포스터 한 장 한 장을 들여다보면 반려동물을 찾으려는 주인들의 간절한 바람이 공통분모이지만 그 표현 방식이 각양각색이어서 저자의 말대로 일종의 예술 작품 같다. 포스터 중에는 연도가 정확히 표기되어 있지 않은 것도 있으나 대부분 90년대에 제작된 것으로 짐작된다. 이처럼 아날로그 정서가 훨씬 짙었던 시절에 만들어져서 그런지 반려동물의 사진을 붙이거나 그림을 그리고 손글씨를 쓰거나 다양한 글씨체를 타이핑해 한 땀 한 땀 정성스레 만든 포스터들은 저마다 특별한 감동을 불러일으킨다. 아울러 내용도 단순명료한 요청부터 구구절절한 호소, 유머 섞인 간청, 독창적인 어필에 이르기까지 다채로운 이야기를 품고 있다. 비록 주어진 정보는 한 장의 포스터일 뿐이지만 여기에는 반려동물의 모습이나 실종 당시의 상황, 반려동물과 주인의 관계, 주인의 애타는 심정 등이 드러나 보는 이로 하여금 상상의 나래를 펴게 한다.

나는 이른바 반려동물 집사는 아니지만 어린 시절에 개, 고양이, 병아리(학교 앞에서 산 건강하지 않은 아이들로 대부분 단명했으나 닭으로 장성한 녀석도 몇 마리 있었다)를 길러본 경험이 있다. 반려동물이란 말이 생겨나기

233

도 전인 때였지만 그 동물들은 우리 가족이자 나와 동생들의 좋은 친구였다. 우리 가족의 첫 반려동물은 개였다. 나는 전혀 기억이 나지 않지만 내가 세 살 때 그 개를 처음 보자마자 꼭 끌어안고 떨어지지 않아 부모님이 결국 그 개를 사서 집으로 데려오는 수밖에 없었다고 한다. 아마 셰퍼드 계통 믹스견이었을 것이다. 그 개는 이른 아침마다 혼자 동네를 한 바퀴 산책하는 습관이 있었다(그때는 집에서 키우는 개들이 자유롭게 동네를 돌아다니던 시절이었다). 그런데 내가 여섯 살 무렵이던 어느 날, 여느 때처럼 아침에 산책을 나간 개가 집으로 돌아오지 않았다. 개를 찾으려고 온 동네를 뒤졌지만 끝내 찾지 못했다. 그러다 우리 개가 아무래도 개장수에게 잡혀간 것 같다는 엄마의 말씀을 듣고는 눈이 붓도록 엉엉 울었다. 너무 어렸을 때라 자세히 기억나진 않으나 개가 돌아오기만을 학수고대하며 몹시 슬퍼했던 기억만큼은 선명하다. 그렇게 이 책은 내게 실종된 개를 찾는 포스터를 만들 생각은 해보지도 못한 옛 시절의 꼬마와 그의 소중한 첫 친구의 가슴 아픈 이별과 아름다운 추억을 소환했다.

이 책에 나오는 포스터들의 주인공 중에는 과연 몇 마리나 주인 곁으로 돌아갔을까? 사실 포스터들을 보면서 가장 궁금한 점이었다. 하지만 아쉽게도 결말을 알 수 있는 경우는 극히 소수였다. 아마 지금도 세계 곳곳에서 수많은 반려동물이 이런저런 이유로 실종되고 그들을 찾으려는 주인들의 노력도 계속되고 있을 것이다. 그런데 지금 대한민국의 실정을 보면 실종되는 반려동물보다 유기되는 반려동물이 더 많은 것 같다. 참 씁쓸하고 안타까운 현실이다. 아무쪼록 주인에게서 버림받는 동물도 주인과 생이별하는 동물도 없기를, 사람과 동물이 정다운 동반자로 이 세상을 함께 살아가기를 바라본다.

마지막으로 무려 11개 국어로 된 이 책을 우리말로 옮기는 데 큰 도움을 준 소정이, 수현이, 아영이, 재영이 그리고 손성실 님에게 깊은 감사의 마음을 전한다.

LOST

로스트: 세계 곳곳에서 수집한 반려동물 실종·발견 포스터

초판 1쇄 인쇄 | 2022년 7월 15일
초판 1쇄 발행 | 2022년 7월 22일

지은이 이언 필립스
옮긴이 허윤정
책임편집 손성실
편집 조성우
디자인 권월화
펴낸곳 생각비행
등록일 2010년 3월 29일 | 등록번호 제2010-000092호
주소 서울시 마포구 월드컵북로 132, 402호
전화 02) 3141-0485
팩스 02) 3141-0486
이메일 ideas0419@hanmail.net
블로그 www.ideas0419.com

ⓒ 생각비행, 2022
ISBN 979-11-89576-97-4 02490

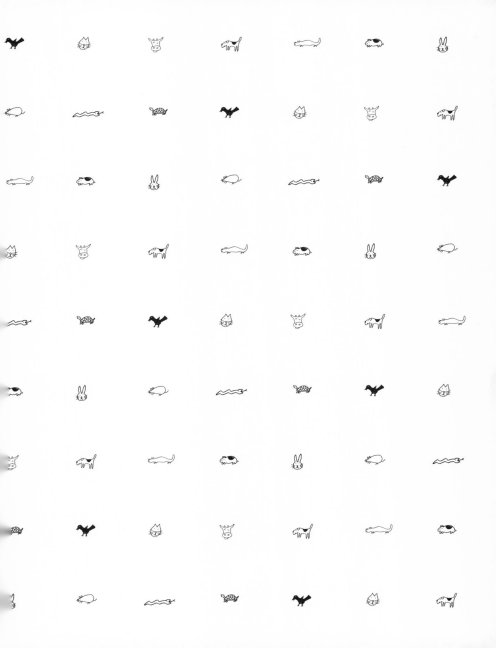

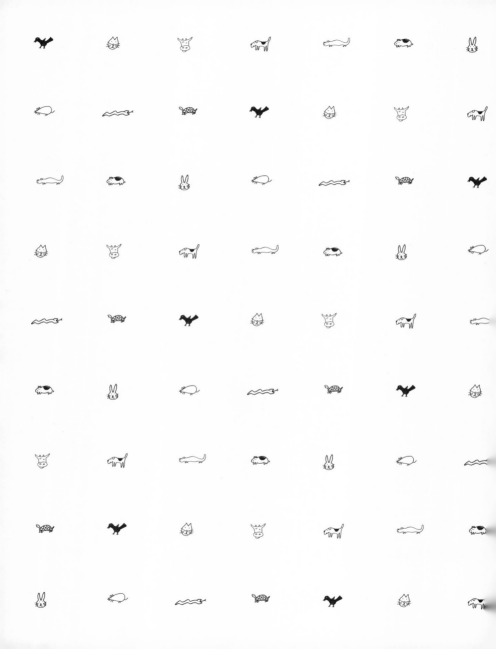